普通高等教育"十一五"国家级规划教材配套参考书

# C 语言程序设计实验与习题指导

主　编　罗庆云　高为民

副主编　范　进　杨　冬　严亚周

中国水利水电出版社
www.waterpub.com.cn

## 内 容 提 要

本书是中国水利水电出版社出版的普通高等教育"十一五"国家级规划教材《C 语言程序设计教程（第二版）》的配套参考书，是通过介绍 C 程序设计语言有关的基本概念和大量练习及其解答，使读者掌握 C 语言程序设计的基础知识和编程方法

本书以 Turbo C++ 3.0 作为集成环境，全书分为四部分。第一部分为上机实验指导，包括 14 个实验项目内容，针对《C 语言程序设计教程（第二版）》一书每一章节的知识点，精心安排了上机实验内容；第二部分为例题解析与习题，内容涵盖全国计算机等级考试大纲中对 C 语言程序设计所要求的知识点，并对每个章节的重点和难点内容进行举例解析；最后两部分为习题参考答案与附录。

本书实验与练习安排紧扣相关知识点，内容全面，图文并茂，适合作为高职高专院校工科类学生学习 C 语言程序设计的实验教材，也可作为全国计算机等级考试二级 C 语言程序设计的辅导书和其他自学者的参考书。

**图书在版编目（CIP）数据**

C 语言程序设计实验与习题指导 / 罗庆云，高为民主编.

北京：中国水利水电出版社，2009

普通高等教育"十一五"国家级规划教材配套参考书

ISBN 978-7-5084-6041-3

Ⅰ．C⋯　Ⅱ．①罗⋯②高⋯　Ⅲ．C 语言—程序设计—高等学校—教学参考教材　Ⅳ．TP312

中国版本图书馆 CIP 数据核字（2008）第 174835 号

| | | |
|---|---|---|
| 书　　　名 | 普通高等教育"十一五"国家级规划教材配套参考书<br>**C 语言程序设计实验与习题指导** |
| 作　　　者 | 主　编　罗庆云　高为民<br>副主编　范　进　杨　冬　严亚周 |
| 出 版 发 行 | 中国水利水电出版社（北京市三里河路 6 号　100044）<br>网址：www.waterpub.com.cn<br>E-mail：mchannel@263.net（万水）<br>　　　　sales@waterpub.com.cn<br>电话：(010) 63202266（总机）、68367658（营销中心）、82562819（万水） |
| 经　　　售 | 全国各地新华书店和相关出版物销售网点 |
| 排　　　版 | 北京万水电子信息有限公司 |
| 印　　　刷 | 北京市天竺颖华印刷厂 |
| 规　　　格 | 184mm×260mm　16 开本　8.75 印张　214 千字 |
| 版　　　次 | 2009 年 1 月第 1 版　2009 年 1 月第 1 次印刷 |
| 印　　　数 | 0001—4000 册 |
| 定　　　价 | 16.00 元 |

# 前　　言

　　C 语言作为当前流行的程序设计语言 C++、C#的基础，得到了广泛的认可和重视。各类院校的工科专业，都首选 C 语言作为程序设计的教学语言。为了帮助读者学好 C 语言，真正掌握用 C 语言进行程序设计的方法和技巧，我们编写了《C 语言程序设计实验与习题指导》一书，希望能对学习 C 语言的读者有所帮助。

　　学习程序设计，上机实验是十分重要的环节。为了方便读者上机练习，本实验教材设计了 14 个实验。这些实验和主教材紧密配合，通过有针对性的上机实验，可以更好地熟悉 C 语言的特点，掌握 C 语言程序设计的方法，并培养一定的编程能力。每个实验建议安排 2 个学时左右，读者可以根据实际情况从每个实验内容或实验思考中选择部分内容作为上机练习。

　　本书是与《C 语言程序设计教程（第二版）》配套的实验教材，集实验、例题解析和习题于一体，内容丰富，实用性强，涵盖了 C 语言程序设计的全部内容。教材主要包括以下三方面的内容：

　　第一，上机实验指导。《C 语言程序设计教程（第二版）》是一门实践性很强的课程，通过有针对性的上机实验，可以更好地熟悉 C 语言程序设计的方法，并培养一定的编写程序的能力。为了达到理想的实验效果，读者要做好实验前准备，实验过程中要积极思考，认真分析执行结果，实验后要总结本次实验的收获与体会并写出实验报告。

　　第二，例题解析与习题。为帮助读者进行课外练习和应付等级考试，编者们根据教学内容和等级考试大纲编写这部分内容。读者在练习和复习时，应重点掌握和理解与题目相关的知识点，而不要死记答案和例题解析。因为有些问题的解答方法是多样的，每个编者的解答思路不同，书中解析答案不一定是最好的。

　　第三，习题参考答案与附录。习题参考答案主要是满足读者自学，实验报告书写参考格式、全国计算机等级考试 C 语言考试大纲、Turbo C 的常用热键和 Turbo C 编辑键和编译错误信息则是方便读者上机实习并提供帮助。

　　本书由罗庆云、高为民任主编，由范进、杨冬、严亚周任副主编。第一部分由罗庆云、高为民编写；第二部分由范进、杨冬编写；后两部分由严亚周编写，全书由高为民统稿，罗庆云审稿。本书在编写过程中还参考了大量文献资料和许多网站的资料，在此一并表示衷心的感谢。

　　由于计算机技术发展速度很快，加上编者水平有限，书中疏漏与不足之处在所难免，恳请广大读者批评指正。

编者

2008 年 10 月

前　言

# 目　　录

# 第一部分 上机实验指导

## 实验一 C语言编译环境

### 一、实验目的

1. 了解 Turbo C++ V3.0 集成开发环境强大的功能。
2. 熟悉 C 程序的实现过程和方法。
3. 掌握编辑、编译、连接、运行程序的过程和方法。
4. 了解常见的两种语法错误（Error/Warning）。

### 二、实验内容

1. 了解 Turbo C++集成开发环境的功能，熟悉菜单、热键基本操作，启动、退出 Turbo C++集成开发环境。

2. 了解 F5/F6、F10、→、←、↑、↓功能键；Alt+高亮字母的效果和作用。激活文件菜单（File）、编译菜单（Compile）、运行菜单（Run）、监视菜单（Break/Watch），查看菜单选项。

3. 在 Turbo C++下完成以下程序题。

（1）最简单的 C 程序。

```
#include <stdio.h>
main()
{
    printf("Hello world!\n");
}
```

（2）试阅读下列程序，写出它的结果。

```
#include <stdio.h>
void main()
{
printf("    *\n");
printf("   ***\n");
printf("  *****\n");
printf(" *******\n");
}
```

（3）一个具有致命语法错误和警告错误的程序。

```
main()
{
int i=1,j,s;
a=a+i
s=i+j;
```

```
printf("s=%d\n",s);
}
```

### 三、实验要求

1．仔细观察本实验创建的目录、文件，回答实验思考中的问题。

2．在 Turbo C++下完成规定的程序题。编辑、编译、运行程序并获得程序结果；如果程序有错，记录编译、连接遇到的提示错误。仔细思考出错原因，并更正之。

### 四、实验步骤

1．启动、退出 Turbo C++集成开发环境。

（1）启动 Turbo C++集成开发环境。如 Turbo C++集成开发环境安装位置（路径）为：C:\TC，则输入：C:\>c:\tc\bin\tc<回车>，即可启动 Turbo C++集成开发环境，其界面如图 1-1 所示。

（2）退出 Turbo C++集成开发环境。单击 File→Quit 命令，即可退出 Turbo C++集成开发环境。

（3）再次启动 Turbo C++环境。输入：C:\>c:\tc\bin\tc<回车>。

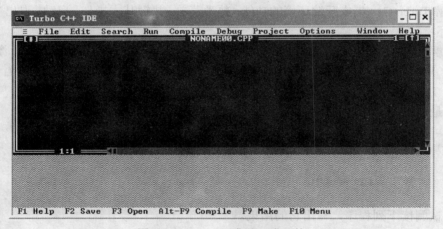

图 1-1　Turbo C++集成开发环境

2．在 Turbo C++环境中，F5/F6、F10、→、←、↑、↓功能键；Alt+高亮字母的效果和作用。

（1）重复按 F6 键，仔细观察。当前激活窗口在编辑窗口、消息窗口之间切换。

（2）重复按 F5 键，仔细观察。当前激活窗口在最大，正常状态之间切换。

（3）先按 F10 键，可以看到主菜单被激活，按→、←功能键，主菜单各个项被依次激活，试着按↑、↓功能键可以打开相应菜单。重点浏览 File（文件管理）、Run（程序运行控制）、Compile（程序编译、连接）菜单。最后按 Esc 键，光标回到编辑窗口。

（4）主菜单各个项，首字母为红色（高亮度）。按 Alt+高亮字母，可以直接激活相应菜单。例如按 Alt+F 组合键激活 File 菜单，比按 F10 键再按方向键快捷多了！按 Esc 键，光标回到编辑窗口。

（5）观察当前源程序名 NONAME00.CPP，表示当前的程序还没有取名字，以后保存程序时，系统会提示输入源程序名，当然在 Turbo C++环境下，另存为*.c 的文件名也可以。

3．按照下面步骤完成（1）～（3）三个程序题。

（1）单击 File→New 命令创建一个新的源程序文件。

（2）输入源程序，全屏幕编辑源程序。

（3）单击 File→Save 命令保存源程序（文件名应按题目要求）。观察编辑窗口源程序名是否已经修改。用 Windows 资源管理器查看用户目录中是否产生了源程序文件*.CPP。

（4）单击 Compile→Build all 命令编译、连接源程序。如果有语法错误，修改源程序后再次编译、连接程序，直到没有语法错误，系统提示成功，如图 1-2 所示。

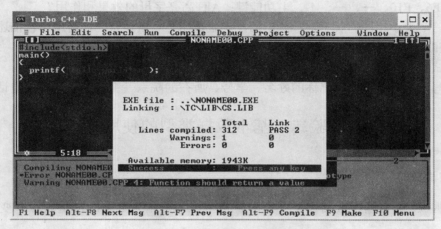

图 1-2　编译成功提示界面

编译连接成功后用 Windows 资源管理器查看用户目录中是否产生了目标文件*.obj、可执行文件*.exe，观察其命名规则。

（5）单击 Run→Run 命令运行程序，用 Alt+F5 组合键切换到用户屏幕查看运行结果。对比结果是否与预期相同。如果发现逻辑错误——结果与预期不同，修改源程序，重复步骤（3）～（5）保存、编译、运行程序，直到程序获得正确结果。

**注意：**

①需顺序完成程序编辑、编译连接、运行的各个过程。没有正确编译成功的程序是不可能运行的！

②程序开发中经常用 File→Save 命令保存源程序以免因意外导致源程序丢失。

**五、实验出现的问题、实验结果分析**

对于刚接触 C 语言的读者，在程序调试中常遇到的错误有：

● 语法错误：编译系统可以协助查找出语法上的错误。语法错误还包括：致命错 Error 和警告错 Warning。致命错必须修改，警告错可以不修改，但常常暗示程序存在问题。

● 逻辑错误：运行结果与预期不符，与程序算法逻辑相关的错误。

实验结果分析：

（1）Hello world!

（2）       *
       ***
     *****
    *******

（3）程序中有错误。主要体现在：变量 a 没有定义，并且也没有初始化。其次 a=a+i 这条语句少了 ";"。

**六、实验思考**

1. 你自己的系统上 Turbo C++安装目录在哪里？Turbo C++集成开发环境程序名是什么？
2. F5/F6、F10、→、←、↑、↓功能键；Alt+高亮字母的效果和作用？
3. 有三个大小相同的瓶子，一瓶是酒，一瓶是醋，一瓶是空的，请用语言描述如何将装酒的瓶子装醋，而将装醋的瓶子装酒。
4. 调试 C 程序需要经过几个步骤？每个步骤生成的文件的扩展名是什么？
5. 编写一个简单程序输出你的姓名、学号、所在的院系、主修专业、联系电话。

# 实验二　基本数据类型的使用

**一、实验目的**

1. 掌握 C 语言基本数据类型（整型、实型、字符型）数据的常量表示、变量的定义和使用。
2. 掌握常见格式控制字符对输出结果的控制作用。
3. 了解数据溢出错误和舍入误差（以整型、实型数据为例）。
4. 进一步熟悉 C 程序的实现过程。

**二、实验内容**

1. 写出一个程序测试用户系统中各种数据类型的长度。
```
#include <stdio.h>
int main(void)
{printf("字符类型数据的字长为%d\n",sizeof(char));
 printf("短整型类型数据的字长为%d\n",sizeof(short));
 printf("整型类型数据的字长为%d\n",sizeof(int));
 printf("长整型类型数据的字长为%d\n",sizeof(long));
 printf("浮点数类型数据的字长为%d\n",sizeof(float));
 printf("双精度类型数据的字长为%d\n",sizeof(double));
 return 0;
}
```
2. 下面程序的输出结果是什么？并对输出结果作出合理的解释。
```
#include <stdio.h>
main()
{
```

```
char ch;
int k;
ch='a';k=65;
    printf("%d,%x,%o,%c",ch,ch,ch,k);
    printf("k=%%d\n",k);
}
```

3．常见转义字符对输出的控制作用。

```
main()
{
  int a,b,c;
  a=5,b=6,c=7;
  printf("123456781234567812345678\n");   /* 打印一个标尺以便检查输出结果 */
  printf("%d\n\t%d  %d\n  %d   %d\t\b%d\n",a,b,c,a,b,c);  /* 打印 1 个字符串 */
  printf("c:\\a.txt");                             /* 打印一个文件名 */
  printf("\n");
}
```

4．整型数据的溢出错误。

整型（int 型）数据的表达范围是-32768～32767，如果最大允许值 32767+1，最小允许值 -32768-1，会出现什么情况？

```
main()
{
  int a,b;
  a=32767;
  b=a+1;
  printf("a=%d,a+1=%d\n",a,b);
  a=-32768;
  b=a-1;
  printf("a=%d,a-1=%d\n",a,b);
getchar();   //从键盘接收字符，起到暂停程序运行作用，目的是保留用户屏幕，便于查看结果。
}
```

5．实型数据的舍入误差。

实型变量只能保证 7 位有效数字，后面的数字无意义。

```
main()
{
    float a,b;
    a=123456.789e5;
    b=a+20;
    printf("a=%f,b=%f\n",a,b);
    printf("a=%e,b=%e\n",a,b);
}
```

### 三、实验要求

1．实验前认真预习，自行分析 5 个程序题的结果，体会本次实验的目的并了解实验要求。实验时仔细对比程序实际运行结果，认真思考并回答实验思考中的问题。

2．在 Turbo C++下完成规定的程序题。编辑、编译、运行程序并获得程序结果。如果程序有错，记录编译、连接遇到的提示错误。仔细思考出错原因，并更正之。

### 四、实验步骤

1．启动 Turbo C++集成开发环境（方法与实验 1 相同）。

2．完成 5 个程序题（编辑、编译连接、运行程序，步骤与实验一相同）。

注：

（1）仔细观察 3、4 两个程序的编译、连接、运行过程，系统提示错误吗？程序运行结果有问题吗？

（2）经常用 File→Save 命令（热键 F2）保存源程序以免因意外导致源程序丢失。

3．退出 Turbo C++集成开发环境，关机。

### 五、实验出现的问题、实验结果分析

灵活运用 scanf 和 printf 语句，熟悉 getchar()和 putchar()函数的作用。

实验结果分析：

实验内容第 1 题的结果是：

1 2 2 4 4 8

实验内容第 2 题的结果是：

97 61 141 A k=%d

实验内容第 3 题的结果是：

12345678123456781234567812345678

5

　　　　　　6 7

　　5 67

c:\a.txt

实验内容第 4 题的结果是：

a=32767,a+1=-32768

a=-32768,a-1=32767

实验内容第 5 题的结果是：

a=12345678848.000000,b=12345678848.000000

a=1.23457e+10,b=1.23457e+10

### 六、实验思考

1．C 语言中的整型数据、一般的字符型数据分别以什么形式表示？

2．简述转义字符：'\n'，'\t'，'\b'的功能？

3．可以用一个字符串表示文件的路径，请问路径的连接符'\'在 C 语言中如何表示？若要表示 D:\wubin\stu.dat 这个文件，用 C 语言如何表示？

4．观察实验内容 3、4 两个程序的编译、连接、运行过程，系统提示错误吗？程序运行结果有问题吗？思考如何解决？

5．使用计算机处理数据可能出现溢出错误和舍入误差，这对我们编制程序有什么要求？

6．写出一个演示字符型数据溢出的程序。

# 实验三　运算符和表达式

## 一、实验目的

1. 掌握 C 语言算术、赋值、自增、自减运算符及相应表达式。
2. 掌握不同类型数据之间的赋值规律。
3. 了解强制数据类型转换以及运算符的优先级、结合性。
4. 学会根据表达式编写相应程序，验证表达式结果的方法。

## 二、实验内容

1. 已知：a=2，b=3，x=3.9，y=2.3（a，b 为整型，x，y 为浮点型），计算算术表达式 (float)(a+b)/2+(int)x%(int)y 的值。试编程上机验证。

提示编程要点：

（1）先判断结果值类型，可设置一个此类型的变量用于记录表达式结果，本例用 r 存放结果。

（2）程序先给几个条件变量赋初值，然后将表达式赋值给变量 r。

（3）最后打印变量 r 的值就是表达式的值。

2. 已知：float x=7，y=2.5，z=4.7，m=4，求表达式 x<y?x:y<m?x:m 的值。试编程上机验证。

3. 已知：a=12，n=5（a，n 为整型），计算下面表达式运算后 a 的值。试编程上机验证。

（1）a+=a　　（2）a-=2　　（3）a*=2+3　　（4）a/=a+a　　（5）a%=(n%=2)　　（6）a+=a-=a*=a

4. 分析下面程序结果，并上机验证。

```
main()
{
  int i,j,m,n;
  i=8; j=10;
  m=++i;
  n=j++;
  printf("i=%d, j=%d, m=%d, n=%d\n",i,j,m,n);
}
```

5. 将 k 分别设置为 127，-128，128，-129，分析下面程序结果，并上机验证。

```
main()
{
  float a=3.7,b;
  int i,j=5;
  int k=127;  /* 用 127,-128,128,-129 测试 */
  unsigned U;
  long L;
  char C;
```

```
    i=a;  printf("%d\n",i);  /* 浮点型赋值给整型 */
    b=j;  printf("%f\n",b);  /* 整型赋值给浮点型*/
    U=k;  printf("%d,%u\n",U,U);  /* 相同长度类型之间赋值 */
    L=k;  printf("%ld\n",L);  /* 整型赋值给长整型，短的类型赋值给长的类型 */
    C=k;  printf("%d\n",C);  /* 整型赋值给字符型，长的类型赋值给短的类型 */
}
```

### 三、实验要求

1．实验内容 1～3 题要求实验前先手工计算，并编制好上机测试用源程序，以便上机实验。

2．实验内容 4、5 题要求实验前先分析程序结果，以便上机时对比结果。

3．在 Turbo C++下完成程序的编辑、编译、运行。查看、分析程序结果。

### 四、实验步骤

1．启动 Turbo C++集成开发环境。

2．完成 5 个程序题（编辑、编译连接、运行程序，步骤与实验一相同）。

注：经常用 File→Save 命令（热键 F2）保存源程序以免因意外导致源程序丢失。

3．退出 Turbo C++集成开发环境，关机。

### 五、实验出现的问题、实验结果分析

各种类型数据在内存中都有指定的长度，也就是说各种类型数据都有其相应的数值范围，要注意各种类型数据溢出的处理。

实验结果分析：

实验内容第 3 题的结果是：

i=9,j=11,m=9,i=10

实验内容第 4 题的结果是（用 k=127 测试）：

3
5.000000
127,127
127
127

### 六、实验思考

1．C 语言取整是四舍五入，还是截断取整？

2．总结赋值转换原则。

3．解释什么是自动转换和强制转换？

4．通过本次实验你学会了编写程序来验证表达式结果，这对我们学习 C 语言有什么启发？

# 实验四 简单 C 程序的编写

## 一、实验目的

1. 理解 C 语言程序的顺序结构。
2. 掌握常用的 C 语言语句，熟练应用赋值、输入、输出语句。

## 二、实验内容

1. 运行该程序，写出输出结果。

```
#include "stdio.h"
main()
{
int a,b;
float x,y;
char c1,c2;
scanf("a=%d,b=%d",&a,&b);
scanf("%f, %e",&x,&y);
scanf("&c &c",&c1,&c2);
printf("a=%d,b=%d,x=%f,y=%f,c1=%c,c2=%c\n",a,b,x,y,c1,c2);
}
```

2. 编写程序，要求输入三角形三边长，即可求出三角形的面积。
3. 编写程序，已知半径，求圆面积、球表面积和球体积。
4. 输入一个摄氏温度，要求输出华氏温度。公式为 f=9*c/5+32。

## 三、实验要求

1. 实验内容 1 要求用正确的方式在键盘上输入数据，并好好体会输入数据时的区别。
2. 实验内容 2～4 要求同学们自己完整地编写整个程序，注意数据类型的定义、数据的输入输出格式，以及顺序结构中语句的执行过程。
3. 在 Turbo C++ 下完成程序的编辑、编译、运行。查看、分析程序结果。

## 四、实验步骤

实验内容第 1 题参考源程序：

```
a=3,b=7 <CR>
8.5,71.82 <CR>
a  A <CR>
```

方能得出正确结果。

实验内容第 2 题参考源程序：

```
#include <stdio.h>
#include "math.h"
main()
{
```

```
float a,b,c,s,area;
scanf("%f,%f,%f",&a,&b,&c);
s=1.0/2*(a+b+c);
area=sqrt(s*(s-a)*(s-b)*(s-c));
printf("area=%f",area);
}
```

实验内容第 3 题参考源程序：

```
main()
{
const float pi=3.1415926;
float r,s,f,v;
printf("请输入圆的半径:\n");
scanf("%f",&r);
s=pi*r*r;
f=4.0*pi*r*r;
v=4.0/3.0*pi*r*r*r;
printf("圆面积=%6.2f\n",s);
printf("球表面积=%6.2f,球体积=%6.2f",f,v);
}
```

实验内容第 4 题参考源程序：

```
main()
{
float c,f;
scanf("%f",&c);
f=9.0*c/5.0+32.0;
printf("%5.2f\n",f);
}
```

## 五、实验出现的问题、实验结果分析

注意 getchar、printf、scanf 三个输入输出语句的用法，特别对于 scanf 语句，"&" 地址运算符不能丢掉。

熟悉 C 语言的控制语句、函数调用语句、表达式语句、空语句和复合语句。

实验结果分析：

实验内容第 2 题的结果是：

```
3,4,5<CR>
area=6.000000
```

实验内容第 3 题的结果是：

```
请输入圆的半径:
1<CR>
圆面积=3.14
球表面积=12.57,球体积=4.19
```

实验内容第 4 题的结果是：

```
30<CR>
86.00
```

**六、实验思考**

1．从键盘输入任意两个整数给 a、b 两个变量，然后将 a 与 b 的值交换后输出，如何编程实现？

2．若有语句 scanf("%f,%f",&price,&discount);如何输入两个数据？

3．对于实验内容第 4 题，若已知华氏温度，如何求摄氏温度？

4．试编程输入三个数，求它们的平均值并输出。

# 实验五　选择结构程序设计

**一、实验目的**

1．了解 C 语句表示逻辑量的方法（以 0 代表"假"，以 1 代表"真"）。

2．学会正确使用逻辑运算符和逻辑表达式。

3．熟练掌握 if 语句和 switch 语句。

**二、实验内容**

1．判断单个符号是否为大写字母，如果是大写字母则用其相应的小写字母输出。

2．从键盘输入一个年份，判断是否是闰年。

闰年的条件有两个：

（1）能被 4 整除，但不能被 100 整除的年份为闰年。

（2）能被 400 整除的年份为闰年。

3．已知三个数 a，b，c，找出最大值放于 max 中（a、b、c 可以是实型）。

4．已知某学生的成绩，经处理后给出学生的等级，等级分类如下：

90 分以上（包括 90）：A

80 至 90 分（包括 80）：B

70 至 80 分（包括 70）：C

60 至 70 分（包括 60）：D

60 分以下：E

用 if 和 switch 两种方法分别写出。

**三、实验要求**

1．复习关系表达式、逻辑表达式和 if 语句、switch 语句。

2．实验前编制程序框图、编写源程序、准备测试数据。

3．实验测试数据要求从键盘输入。应尽力追求程序的完美。比如要求输入数据，应当显示提示字符串，提示用户输入；输出时也要求有文字说明。

**四、实验步骤**

实验内容第 1 题参考源程序：

```
main()
{ char ch;
  printf("Input a character:");
  scanf("%c",&ch);
  ch=(ch>='A'&&ch<='Z')?(ch+32):ch;
  printf("ch=%c\n",ch);
}
```

**实验内容第 2 题参考源程序：**

```
main()
{ int year;
  scanf("%d",&year);
  if(year%400==0||(year%4==0&&year%100!=0))
      printf("%d is a leap year\n",year);
  else printf("%d is not a leap year\n",year);
}
```

**实验内容第 3 题参考源程序：**

```
#include"stdio.h"
main()
{
int a,b,c,max;
scanf("a=%d,b=%d,c=%d",&a,&b,&c);
if (a>=b)
  max=a;
else
  max=b;
if (c>max)
  max=c;
printf("max=%d",max);
}
```

**实验内容第 4 题参考源程序：**

**方法一：用 if 嵌套**

```
#include"stdio.h"
main()
{ int score;
char grade;
printf("\n input a student score:");
scanf("%f",&score);
if(score>100||score<0)
  printf("\ninput error!");
else
  { if(score>=90)
    grade='A';
   else
    { if(score>=80)
```

```
        grade='B';
      else
      {if(score>=70)
          grade='C';
       else
          { if(score>=60)
            grade='D';
           else grade='E';
          }
      }
  }
 printf("\nthe student grade:%c",grade);
}
}
```

## 方法二：用 switch 语句

```
#include"stdio.h"
main()
{
int g,s;
char ch;
printf("\ninput a student score:");
scanf("%d",&g);
s=g/10;
if(s<0||s>10)
 printf("\ninput error!");
else
{ switch (s)
    { case 10:
     case 9:  ch='A';  break;
     case 8:  ch='B';  break;
     case 7:  ch='C';  break;
     case 6:  ch='D';  break;
     default: ch='E';
     }
    printf("\nthe student grade:%c",ch);
}
}
```

## 五、实验出现的问题、实验结果分析

1．区别赋值运算符"="和关系运算符"=="。

2．使用双分支和多分支时 if-else 之间只能有一个语句（包括复合语句），不要在 if（表达式）后面直接加";"，分号表示一个空语句。

3．switch 语句中 case 和后面的常量表达式之间要有空格，如"case1:"是错误的，应改为"case 1:"。

　　4．实验结果分析：

实验内容第 1 题的结果是：

```
input a character: A<CR>
ch=a
```

实验内容第 2 题的结果是：

```
1996<CR>
1996 is a leap year
```

实验内容第 3 题的结果是：

```
a=12,b=34,c=56<CR>
max=56
```

实验内容第 4 题的结果是：

```
input a student score:98<CR>
the student grade:A
```

### 六、实验思考

1．求一元二次方程 $ax^2+bx+c=0$ 的根。

2．编程求符号函数 sign(x)的值。

3．6 人做报数游戏，从第一个人开始报数，并从 1 开始报数，第六个人报完以后又回到第一个人开始报数，请问谁报到了 3000？编写程序解决该问题。

# 实验六　循环结构程序设计

### 一、实验目的

1．掌握 while、do-while、for 循环的语法结构与应用。

2．掌握 while、do-while 循环的区别。

### 二、实验内容

1．求 1 到 100 之间能被 3 整除但不能被 5 整除的所有数的和。

2．求 1-1/3+1/5-1/7+…的和，直到最后一项的绝对值小于 0.000001。

3．编写程序找出 5-99 之间的全部同构数。

同构数的概念：如果 1 个数出现在其平方的右边，则该数为同构数。例如 5 的平方是 25，而 5 出现在 25 的右边；25 的平方是 625，而 25 出现在 625 的右边，因此 5 和 25 都是同构数。

4．输出 10～100 之间的全部素数。

### 三、实验要求

1．复习 for、while、do-while 语句和 continue、break 语句。

2．实验前编制程序框图、编写源程序、准备测试数据。

3．在 Turbo C++下完成程序的编辑、编译、运行，获得程序结果。如果结果有误，应找出原因，并设法更正之。

4．编制的程序必须保存在 D:\用户目录中。注：用户目录可以用学号或姓名拼音简写。

## 四、实验步骤

实验内容第 1 题参考源程序：

```
main()
{ int n=1,sum=0;
  while(n<=100)
  {if(n%3==0&&n%5!=0) sum+=n;
   n++;}
  printf("sum=%d\n",sum);
}
```

实验内容第 2 题参考源程序：

```
main()
{ int n,t=1;
  float f,s=0;
  for(n=1;;n++)
  { f=1.0/(2*n-1);
    if(f<1e-6) break;
    s=s+f*t;
    t=-1*t;
  }
printf("s=%f\n",s);
}
```

实验内容第 3 题参考源程序：

```
main()
{ int i;
  for(i=5;i<100;i++)
  {if(i*i%10==i||i*i%100==i)
  printf("%5d",i); }
}
```

实验内容第 4 题参考源程序：

```
main()
{ int i=11,j,counter=0;
 for( ; i<=100; i+=2)
 { for(j=2; j<=i-1; j++)
   if(i%j==0) break;
    if(counter%10==0)
     printf("\n");
     if(j>=i)
      { printf("%6d",i);
        counter++;
```

```
            }
        }
    }
```

**五、实验出现的问题、实验结果分析**

1．循环条件要能触发循环的结束，不然就是死循环，程序不能结束。

2．循环体内如果有多条语句则应该用复合语句，即两边加{}。

3．区别 while 和 do-while，特别是当循环条件在循环开始时就为假，while 一次都没有执行，而 do-while 能执行一次。

4．实验结果分析：

实验内容第 1 题的结果是：

sum=1368

实验内容第 2 题的结果是：

s=0.785384

实验内容第 3 题的结果是：

   5     6    25    76

实验内容第 4 题的结果是：

```
11    13    17    19    23    29    31    37    41    43
47    53    59    61    67    71    73    79    83    89
97
```

**六、实验思考**

1．编写程序，输入一个正整数，计算并显示该整数的各位数字之和，例如 123 各位数字之和是 1+2+3，等于 6。

2．编写程序求 1000！的末尾有多少个 0（注意不能做连乘，否则会溢出）。

提示：判断[1,1000]中有多少个因子 5，因为任何一个偶数乘以 5 都会得到一个 0。

3．编写程序求 a+aa+aaa+⋯+aa⋯a（n 个 a），其中 a 是一个数字。例如：2+22+222+2222+22222=24690（此时 a=2，n=5）。

# 实验七　综合应用

**一、实验目的**

1．掌握循环结构的嵌套。

2．掌握 break、continue 语句。

3．掌握常用的程序设计算法，如：用二分法、牛顿迭代法求解方程，穷举法等。

**二、实验内容**

1．试用牛顿迭代法求方程 $f(x)=x^3+x^2-3x-3=0$ 在 1.5 附近的根。

2．试用二分法求方程 $9x^2-\sin x-1=0$ 在[0,1]内的一个实根。

3．试用穷举法求三边都不大于 500 的直角三角形。

如：边长分别为 3、4、5 或 4、3、5，故不妨可以设定 a<=b<c。

4．编写程序打印如下图案。

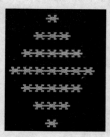

5．试比较下列两个程序的运行结果。

```
/*程序 1*/
#include <stdio.h>
void main()
{
int i=0;
while (i++<=9)
   { if (i==4)
break;
printf("%d\n",i);
}
}
```

```
/*程序 2*/
#include <stdio.h>
void main()
{
int i=0;
while (i++<=9)
   { if (i==4)
   continue;
printf("%d\n",i);
}
}
```

### 三、实验要求

1．实验前编制程序框图、编写源程序、准备测试数据。

2．在 Turbo C++下完成程序的编辑、编译、运行，获得程序结果。如果结果有误，应找出原因，并设法更正之。

3．编制的程序必须保存在 D:\用户目录中。注：用户目录可以用学号或姓名拼音简写。

### 四、实验步骤

分析：

（1）赋值 x＝1.5，即迭代初值。

（2）用初值 x 代入方程中计算此时的 f(x) 及 fd(x)，程序中用变量 f 描述方程的值，用 fd 描述方程求导之后的值。

（3）计算增量 d=f/fd。

（4）计算下一个 x1，x1=x-d。

（5）把新产生的 x1 替换 x，为下一次迭代做好准备。

（6）若 d 绝对值大于 1e-6，则重复（2）～（5）步。

```
#include<math.h>
main()
{
float f,fd,x,x1;
x=1.5;
do
{
f=x*x*x+x*x-3*x-3;
fd=3*x*x+2*x-3;
x1=x-f/fd;
x=x1;
} while(fabs(f/fd)>1e-6);
printf("x=%.6f",x1);
}
```

实验内容第 2 题的实验步骤：

分析：先找到 a、b，使 f(a)，f(b)异号，说明在区间(a,b)内一定有零点，然后求 f[(a+b)/2]。现在假设 f(a)<0，f(b)>0，a<b，

（1）如果 f[(a+b)/2]=0，该点就是零点，用中点函数值判断。

（2）如果 f[(a+b)/2]>0，则在区间(a,(a+b)/2)内有零点，(a+b)/2=>b，从（1）开始继续使用中点函数值判断，这样就可以不断接近零点。通过每次把 f(x)的零点所在小区间收缩一半的方法，使区间的两个端点逐步追近函数的零点，以求得零点的近似值，这种方法叫做二分法。

```
#include <math.h>
main()
{
double a=0.0,b=1.0,c,f1,f2;
c=(a+b)/2;
do{
f1=9*c*c-sin(c)-1;
f2=9*b*b-sin(b)-1;
if(f1*f2<0) a=c;
else b=c;
c=(a+b)/2;
} while(fabs(f1)>0.00001);
printf("%lf\n",c);
}
```

实验内容第 3 题的实验步骤：

```
#include<stdio.h>
main()
{ long a,b,c;
  int sum=0;
  for(a=1;a<500;a++)
  for(b=a;b<500;b++)
  for(c=b+1;c<500;c++)
  if(a*a+b*b==c*c) sum+=1;
  printf("sum=%d\n",sum);
}
```

实验内容第 4 题的实验步骤：

分析：该程序完成的功能只是打印"*"图案，图中先打印前四行，后打印后三行，也可以先打印前三行，后打印后四行。

```c
#include "stdio.h"
#define  S  ''
main()
{ int n, i, j;
  printf("Enter n: ");
  scanf("%d",&n);
  for( i=1; i<=n; i++)
   { for(j=1; j<=4-i; j++) putchar(S);
      for(j=1;j<=2*i-1; j++) putchar('*');
        putchar('\n');
}
for(i=1; i<=n-1; i++)
{
for(j=1;j<=i; j++)  putchar(S);
  for(j=1;j<=2*(4-i)-1;j++) putchar('*');
   putchar('\n');
}
}
```

实验内容第 5 题的运行结果是：

程序 1：1 2 3

程序 2：1 2 3 5 6 7 8 9 10

## 五、实验出现的问题、实验结果分析

1．在不考虑内、外层循环变量相互影响和其他特定条件提前结束循环的情况下，双重循环中，内循环体内的语句的执行次数一般是外层循环执行次数 m 与内层循环执行次数 n 的乘积。

2．在 Turbo C++中运行一个循环程序时可能会出现死循环，结束死循环可以使用 break 语句。

3．break 语句可用于循环结构及 switch 分支结构；continue 只用于循环结构。

4．程序采用必要的缩进、对齐有利于改善程序可读性（特别是有多层嵌套结构的程序），便于检查程序中的错误。

## 六、实验思考

1．请列举所有个位数是 2，且能被 4 整除的 3 位数。

2．编写程序求 Fibonacci 数列的前 20 项。Fibonacci 数列定义：

$$F_1=1$$

$$F_2=1$$

$$F_n=F_{n-1}+F_{n-2}（n>=3）$$

3．编写程序输出下列图形：

```
    *
   **
  ***
 ****
*****
```

# 实验八　一维数组和二维数组

## 一、实验目的

1．掌握一维数组和二维数组的定义、初始化。
2．掌握一维数组和二维数组元素的引用。

## 二、实验内容

1．预测程序结果，并上机验证。

```
 /*数组*/
#include "stdio.h"
main()
 { int i,f[10];
  f[0]=f[1]=1;
  for(i=2;i<10;i++)
    f[i]=f[i-2]+ f[i-1] ;
  for(i=0;i<10;i++)
   { if(i%4==0)
       printf("\n");
    printf("%3d",f[i]);
   }
 }
```

　　2．下面程序完成从键盘输入 20 个整数，统计其中非负数个数，并计算非负数之和。请完善一下程序并上机调试。

```
#include "stdio.h"
 main()
  { int i,a[20],s,count;
   clrscr();/*clear screen*/
   s=count=0;
   for(i=0;i<20;i++)
     scanf("%d",_____);
   for(i=0;i<20;i++)
    {if(a[i]<0)
       _____;
     s+=a[i];
     count++;
    }
```

```
      printf("s=%d\t count=%d\n",s,count);
  }
```

3．在键盘上输入 N 个整数，存入一个数组试编制程序使该数组中的数按照从大到小的次序排列。

4．打印如下图所示的杨辉三角（打印 10 行）。

```
1
11
121
1331
14641
……
```

### 三、实验要求

1．认真阅读题目，在 TC++环境运行之前，先模拟运行预测其结果。

2．题目 3 和题目 4 先分析解题思路，再编写程序，最后上机调试验证结果。

3．通过实验能够很熟练地将数组应用于 C 语言编程。

### 四、实验步骤

实验内容第 1 题的实验步骤：

（1）编辑程序：打开 TC++，输入源程序。

（2）运行程序：按住 Ctrl+F9 键。

（3）查看结果：按住 Alt+F5 键，查看结果。

实验内容第 2 题的实验步骤：

分析：源程序第 1 处，显然 scanf()函数组成不全，缺少输入列表项，又由于格式字符串只有一个%d，所以应只有一个输入项，此句应该是对数组元素的初始化，所以应填入&a[i]；源程序第 2 处，按题目应该是当数组元素小于 0 时的操作，而其后两句完成了数组元素大于 0 时的操作，所以此处应填入 continue。

源程序如下：

```
#include "stdio.h"
main()
  { int i,a[20],s,count;
  clrscr();/*clear screen*/
  s=count=0;
  for(i=0;i<20;i++)
    scanf("%d",&a[i]);
  for(i=0;i<20;i++)
    {if(a[i]<0)
      continue;
    s+=a[i];
    count++;
  }
```

实验内容第 3 题的实验步骤：

分析：数组长度必须是确定大小，即指定 N 的值，从第一个数开始依次对相邻两数进行比较，如次序对则不做任何操作；如次序不对则使这两个数交换位置。第一遍的（N-1）次比较后，最大的数已放在最后，第二遍只需考虑（N-1）个数，以此类推直到第（N-1）遍比较后就可以完成排序。

源程序如下：

```c
#define N 10
#include"stdio.h"
main()
{int a[N],i,j,temp;
  printf("please input %d numbers\n",N);
for(i=0;i<N;i++)
  scanf("%d",&a[i]);
for(i=0;i<N-1;i++)
  for(j=0;j<N-1-i;j++)
    {if(a[j]>a[j+1])
      {temp=a[j];
      a[j]=a[j+1];
      a[j+1]=temp;
      }
    }
printf("the array after sort:\n");
for(i=0;i<N;i++)
  printf("%5d",a[i]);
}
```

实验内容第 4 题的实验步骤：

分析：杨辉三角各行各列有以下规律，各行第一个数和最后一个数都是 1；从第三行起，除第一个数和最后一个数外，其余各数是上一行同列和前一列两个数之和。例如：第 4 行第二个数（3）是第三行第二个数（2）和第三行第一个数（1）之和，所以可以这样表示：a[i][j]=a[i-1][j]+a[i-1][j-1]，其中 i，j 为行号和列号。

源程序如下：

```c
main()
{static int m,n,k,b[11][11];
    b[0][1]=1;
    for(m=1;m<11;m++)
    {for(n=1;n<=m;n++)
    {b[m][n]=b[m-1][n-1]+b[m-1][n];
    printf("%-5d",b[m][n]);
    }
    printf("\n");
    }
}
```

### 五、实验出现的问题、实验结果分析

1．数组和前面章节讲过的变量一样，需遵循"先定义后使用"的原则。数组名是数组的首地址，是一个常量，不可更改。在使用数组时，由于 C 语言不检查数组是否越界，系统并不检测数组下标是否越界，因此编程序时，应保证数组不越界。字符数组也是数组，所以字符数组具有数组的一切特性，同时应牢记字符数组的独有特性。

2．实验结果分析。

实验内容第 1 题的结果是：

实验内容第 2 题的结果是：

依次输入：12、34、56、78、-12、34、-32、-45、-82、2、5、-5、-1、34、65、-79、7、9、19、14

运行结果如下：

实验内容第 3 题的结果是：

依次输入：14、21、45、8、16、37、68、5、7、25

运行结果：

实验内容第 4 题的结果是：

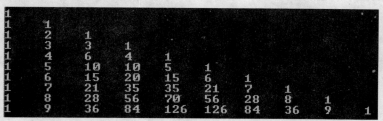

### 六、实验思考

1．第 1 题 printf("%3d",f[i])能否改成 printf("%d",f)？第 2 题中 scanf("%d",&a[i])能否写成 scanf("%d",a[i])？

2．第 4 题中能否将 for(n=1;n<=m;n++)中 n<=m 改为 n<11？为什么？

# 实验九　字符数组与字符串

## 一、实验目的

1. 理解字符数组和字符串的概念。
2. 掌握字符数组的定义、初始化、数组元素引用、输入输出。
3. 掌握字符数组的处理。
4. 掌握常用字符串处理函数。

## 二、实验内容

1. 编写程序：对键盘输入的字符串进行逆序，逆序后的字符串仍然保留在原字符数组中，最后输出（不得调用任何字符串处理函数，包括 strlen）。

2. 编写程序：对键盘输入的两个字符串进行连接（尽管我们知道 strcat()可以简单完成此任务，本题仍然规定不得调用任何字符串处理函数，包括 strlen）。

3. 编写程序：对从键盘输入的任意字符串，将其中所有的大写字母改为小写字母，而所有小写字母改为大写字母，其他字符不变（不调用任何字符串处理函数）。

4. 编写程序：从键盘输入 4 个字符串（长度<20），存入二维字符数组中。然后对它们进行排序（假设由小到大顺序），最后输出排序后的 4 个字符串（允许使用字符串函数）。

（提示：字符串比较可以用 strcmp 函数实现，排序方法可以用选择法或冒泡法。）

## 三、实验要求

1. 编制源程序，测试数据。
2. 1～3 题不得使用任何字符串处理函数，第 4 题允许使用字符串处理函数。
3. 在 Turbo C++下完成程序的编辑、编译、运行。查看、分析程序结果。

## 四、实验步骤

实验内容第 1 题的实验步骤：

```
main()
{
  char str[100];
  int n,i,j;
  gets(str);
  n=0;
  while(str[n])n++;
  for(i=0,j=n-1; i<j; i++,j--)
  {
    char k=str[i]; str[i]=str[j]; str[j]=k;
  }
  puts(str);
}
```

实验内容第 2 题的实验步骤：

```c
main()
{
    char s1[100],s2[100];
    int i,j;
    gets(s1);
    gets(s2);
    i=0;
    while(s1[i])i++;
    j=0;
    while(s2[j])
    {
      s1[i++]=s2[j++];
    }
    s1[i]='\0';
    puts(s1);
}
```

实验内容第 3 题的实验步骤：

```c
#include <stdio.h>
main()
{
  char s[100];
  int i;
  gets(s);
  for(i=0;  s[i]!='\0';  i++)
  {
    if(s[i]>='A'&&s[i]<='Z')s[i]+=32;
    else if(s[i]>='a'&&s[i]<='z')s[i]-=32;
  }
  puts(s);
}
```

实验内容第 4 题的实验步骤：

```c
#include <string.h>
#define N 4
main()
{
  char s[N][20];
  int i,j;
  for(i=0;i<N;i++)gets(s[i]);
  for(i=0;i<N-1;i++)
  {
    for(j=i+1;j<N;j++)
      if(strcmp(s[i],s[j])>0)
      {
        char t[20];
```

```
    strcpy(t,s[i]);
      strcpy(s[i],s[j]);
      strcpy(s[j],t);
    }
  }

  for(i=0;i<N;i++)puts(s[i]);
}
```

## 五、实验出现的问题、实验结果分析

1．对于字符串的处理可以将字符串当作字符数组逐个元素处理，也可以调用字符串处理函数整体处理。

2．字符串结束符号'\0'在编制字符串处理程序时很重要。

3．如果在编程时忘记一个系统函数的调用格式，可以将光标停留在此函数上，并按Ctrl+F1 组合键联机查询。

4．实验结果分析：

实验内容第 1 题的结果是：

hello world<CR>

输出：dlrow olleh

实验内容第 2 题的结果是：

hello<CR>

world<CR>

输出：helloworld

实验内容第 3 题的结果是：

Hello World!<CR>

输出：hELLO wORLD!

实验内容第 4 题的结果是：

Spanish<CR>

China<CR>

America<CR>

Japan<CR>

输出：America

　　　China

　　　Japan

　　　Spanish

## 六、实验思考

1．gets()可以输入带空格字符串，而 scanf()不能。

2．试编程将字符串 s 中所有的字符 a 删除。

# 实验十　函数

## 一、实验目的

1. 掌握 C 语言函数的定义、函数的声明及函数的调用方法。
2. 掌握 C 语言函数参数传递的两种不同方式及其区别。
3. 掌握函数的嵌套调用。
4. 掌握各种变量的存储方式及其作用范围。

## 二、实验内容

1. 预测程序输出，并上机运行验证结果。

```
fun(int a,int b)
{ int c;
  c=a+b;
  return c;
}
main()
{ int x=6,y=7,z=8,f;
  f=fun((x--,y++,x+y),z--);
  printf("%d\n",f);
}
```

2. 跟踪以下程序，注意函数调用过程中形参和实参的关系，记录并分析结果；将形参 a，b 对应改为 x，y，使得与实参同名，记录并分析结果。

```
main()
{int  t,x=2,y=5;
 int swap(int,int);
 printf("(1)  in main : x=%d,y=%d\n",x,y);
 swap(x,y);
 printf("(4)  in main : x=%d,y=%d\n",x,y);
}
swap(int a,int b)
{int t;
 printf("(2)  in swap : a=%d,b=%d\n",a,b);
 t=a;
 a=b;
 b=t;
 printf("(3)  in swap : a=%d,b=%d\n",a,b);
}
```

3. 编写两个函数，分别求两个正数的最大公约数和最小公倍数，用主函数调用这两个函数并输出结果。两个正数由键盘输入。

4. 计算 $1^k+2^k+3^k+\cdots\cdots+n^k (0 \leqslant k \leqslant 5)$

### 三、实验要求

1. 上机调试之前先模拟运行程序，预测并分析程序结果。
2. 编写程序，要求必须用函数实现题目中涉及功能模块。
3. 通过本次实验，熟练掌握函数在 C 语言中的应用。

### 四、实验步骤

实验内容第 3 题的实验步骤：

分析：求两个数的最大公约数，采用辗转相除法，其思想是：

（1）首先要保证 num1 大于 num2，如果小于则交换。

（2）如果 num2 不等于 0，就求 r=num1%num2，并且将 num2 赋值给 num1，将 r 赋值给 num2，重复此操作，直到 num2 等于 0。

（3）如果 num2 等于 0，则此时 num1 就是最大公约数，最小公倍数是这两数之积除以这两数的最大公约数的商。

源程序编写如下：

```c
gongyu(int num1,int num2)
  { int temp,a,b;
    if(num1<num2)
    {temp=num1; num1=num2; num2=temp;}
    a=num1; b=num2;
    while(b!=0)
     {temp=a%b; a=b; b=temp; }
    return(a);
  }
gongb(int num1,int num2)
{
  return (num1*num2)/gongyu(num1,num2);
}
main()
{int a,b;
 printf("Input  a:\n");
scanf("%d",&a);
 printf("Input  b :\n");
scanf("%d",&b);
printf("%d,%d",gongyu(a,b),gongb(a,b))  ;
}
```

实验内容第 4 题的实验步骤：

分析：定义函数 long power(int i,int k)返回值为 $i^k$。定义 long f(int n,int k)返回值为 $1^k+2^k+3^k+\cdots\cdots+n^k$。

源程序如下：

```c
long power(int i,int k)
{long power=1;int j;
 for(j=1;j<=k;j++)
```

```
    power*=i;
  return power;
}
long f(int n,int k)
{long sum=0;int i;
 for(i=1;i<=n;i++)
    sum+=power(i,k);
    return sum;
}
void main()
{int n,k;
printf("input n k:");
scanf("%d %d",&n,&k);
printf("%ld\n",f(n,k));
}
```

### 五、实验出现的问题、实验结果分析

1. 在实际编程中，应尽量将程序模块化。每个函数就是一个单一的功能模块，完成特定功能。函数在使用之前应先定义，并显式地说明其返回值类型；若无返回值，则函数返回值应定义为 void 类型。C 语言中函数可以相互调用（main()函数除外，它不能被其他函数调用，但它可以调用其他函数），函数支持嵌套调用，但不支持嵌套定义。变量类型应根据实际需要声明。

2. 实验结果分析：

实验内容第 1 题的结果是：

分析：本题目中函数 fun 的作用是将形参 a 和 b 的值相加，并用 return 返回给主调函数。主调函数中用(x--,y++,x+y))和 z--分别作为两个实参，所以在函数调用时，程序首先算出实参的值，即 fun(13,8)，函数返回值为 13+8 的值，所以程序输出应为 21。

运行结果：

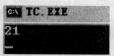

实验内容第 2 题的结果是：

分析：首先在主函数开头对将要用的函数进行声明，在调用之前输出 x 和 y 的值，再调用函数 swap()，由于函数形式参数和实际参数采用了值传递方式，所以形式参数的改变不会影响实际参数。

运行结果：

```
<1>  in main : x=2,y=5
<2>  in swap : a=2,b=5
<3>  in swap : a=5,b=2
<4>  in main : x=2,y=5
```

如果将形参 a，b 对应改为 x，y 时，虽然形式参数与实际参数同名，但其各自作用范围不一样，所以亦不会相互影响，所以输出结果仍然不变。

修改后运行结果：

```
(1)  in main : x=2,y=5
(2)  in swap : x=2,y=5
(3)  in swap : x=5,y=2
(4)  in main : x=2,y=5
```

实验内容第 3 题的结果是：

输入 4 和 24，程序运行结果：

```
Input  a:
4
Input  b :
24
4,24
```

实验内容第 4 题的结果是：

输入 n=40，k=3

```
input n k:40 3
672400
```

## 六、实验思考

1．其他函数是否能够调用 main()函数，值传递与地址传递有什么不同？
2．全局变量与局部变量有什么不同？

# 实验十一　编译预处理

## 一、实验目的

1．掌握有参宏定义与无参宏定义使用。
2．了解文件包含作用。
3．了解条件编译的作用。

## 二、实验内容

1．预测程序输出，并上机运行验证结果。

```c
#define MAX(A,B)  (A)>(B)?(A):(B)
#define PRINT(Y)  printf("Y=%d\n",Y)
main()
{int a=1,b=2,c=3,d=4,t;
t=MAX(a+b,c+d);
PRINT(t);
}
```

2．预测程序结果，并上机验证。

```c
#include "stdio.h"
#define FUDGE(y)  2.84+y
#define PR(a)  printf("%d",(int)(a))
```

```
#define PRINT1(a)  PR(a);putchar('\n')
main()
{int x=2;PRINT1(FUDGE(5)*x);}
```

3．三角形面积为：area=sqrt((s-a)(s-b)(s-b))，其中 s=(a+b+c)/2，a、b、c 为三条边，定义两个带参的宏，一个用来求 s，另一个用来求 area。写程序，在程序中用带参的宏来求面积 area。

4．用条件编译方法实现以下功能：

输入一行电报文字，可以任选两种输出：一为原文输出；一为将字母变成其下一个字母（如 a 变 b，b 变 c，……，z 变 a，其他字符不变）输出，用#define 命令控制是否要译成密码。例如，若定义：#define　CHANGE 1，则输出密码。若定义：#define　CHANGE 0，则不译为密码，按原样输出。

### 三、实验要求

1．认真完成实验内容，在上机运行之前模拟运行程序，预测并分析实验结果。
2．通过本次实验，能够在 C 语言编程中熟练应用宏定义和文件包含。

### 四、实验步骤

实验内容第 1 题的实验步骤：

分析：源程序中有两个有参宏定义 MAX(A,B)和 PRINT(Y)，分别完成一个条件运算符和 printf 函数功能。程序在编译时，首先进行简单的宏代换，程序如下：

```
#define MAX(A,B)  (A)>(B)?(A):(B)
#define PRINT(Y)  printf("Y=%d\n",Y)
main()
{int a=1,b=2,c=3,d=4,t;
t=(a+b)>( c+d)?( a+b):( c+d);
printf("Y=%d\n",t);
}
```

实验内容第 2 题的实验步骤：

分析：源程序中有三个有参宏定义，其中第三个宏定义为嵌套定义，即在定义时使用了第二个宏定义，进行简单宏代换，源程序如下：

```
#include "stdio.h"
#define FUDGE(y)  2.84+y
#define PR(a)  printf("%d",(int)(a))
#define PRINT1(a)  PR(a);putchar('\n')
main()
{int x=2;
printf("%d",(int)(2.84+5*2));putchar('\n');
}
```

实验内容第 3 题的实验步骤：

分析：

（1）用带参宏来实现求 s，需要三角形三条边，所以将三角形三条边作为参数，定义如下：

```
#define  S(a,b,c)   (c+b+a)/2
```

（2）编写求面积 area，求面积需要用大 S 及其三条边，所以该带参宏定义需要调用已定义过的 S(a,b,c)，定义如下：

```
#define  AREA(m,n,k)  sqrt((S(m,n,k)-m)* (S(m,n,k)-n)* (S(m,n,k)-k))
```

（3）定义主函数，由于程序中要用到开方函数，所以应将 sqrt()所在的数学库文件 **math.h** 包含进来。

编写源程序：

```
#include"math.h"
#define  S(a,b,c)  (c+b+a)/2
#define  AREA(m,n,k)  sqrt((S(m,n,k)-m)* (S(m,n,k)-n)* (S(m,n,k)-k))
main()
{float a,b,c,s,area;
 printf("Input the data :");
 scanf("%f,%f,%f",&a,&b,&c);
 s=S(a,b,c);
if(a+b>c&&a+c>b&&b+c>a)
  printf("area=%.2f\n",AREA(a,b,c));
else
  printf("error data");
}
```

实验内容第 4 题的实验步骤：

```
#define CHANGE  1
main()
{char str[20],c;
int i=0;
printf("Input the string:\n");
scanf("%s",str);
#if CHANGE
while(str[i]!='\0')
{if(str[i]=='z' || str[i]=='Z' )
  str[i]=str[i]-25;
 else
  if(str[i]>='a' && str[i]<'z' ||  str[i]>='A' && str[i]<'Z' )
     str[i]=str[i]+1;
i++;
}
#endif
printf("the result is :\n");
printf("%s",str);
}
```

### 五、实验出现的问题、实验结果分析

1．"#"符号的前面只允许出现空格或制表符，即宏定义要单独占用一行。

2．在宏展开时，对于用双引号""括起来的与宏名相同的标识符将不能被宏替换。

3．宏替换时，只是将宏名替换成指定的字符串，这只是一种简单的置换，不会作出正确性检查。

4．宏定义的作用范围是从该宏名的宏定义处到本源文件结束，或用#undef 标识符取消该定义。

5．实验结果分析：

实验内容第 1 题的运行结果是：

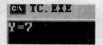

实验内容第 2 题的运行结果是：

实验内容第 3 题的运行结果是：

输入 3，4，5

实验内容第 4 题的运行结果是：

输入"abcdzfa"

## 六、实验思考

如果将求一个整数是否为偶数的宏定义为：

```
#define  EVEN(a)   a%2= =0 ?1:0
```

下面程序的宏替换结果是否正确？如果不正确，分析其原因，并写出正确的形式。

```
#define  EVEN(a)   a%2= =0 ?1:0
main()
{
 if (EVEN(9+1))
  printf("is even");
 else
  printf("is odd");
}
```

# 实验十二　指针

## 一、实验目的

1．理解指针概念。

2．掌握指针变量的定义、初始化以及通过指针变量对数据的访问。

3．掌握指针与一维数组的关系。

## 二、实验内容

1．通过下面的程序（12-1.c）理解指针与数组的关系。

```
/*12-1.c*/
main()
{int a[5],*p,i;
for(i=0;i<5;i++)
a[i]=i+1;
p=a;
for(i=0;i<5;i++)
  {printf("[p+%d]=%d\t",i,*(p+i));
    printf("a[%d]=%d\n",i,a[i]);
}
}
```

2．指出下面程序（12-2.c）中的错误，并说明错误的原因。

```
/*12-2.c*/
main()
{ int *p,i;
  char *q,ch;
  p=&i;
  q=&ch;
  *p=40;
  *p=*q
}
```

3．下面程序（12-3.c）的运行结果是_____。

```
/*12-3.c*/
#include <stdio.h>
main()
{int a=28,b;
char s[10],*p;
p=s;
do
{b=a%16;
if(b<10) *p=b+48;
else *p=b+55;
p++;
a=a/5;
}while(a>0);
*p='\0';
puts(s);
}
```

4．试分析下面程序（12-4.c）的运行结果。

```
/*12-4.c*/
```

```
#include <stdio.h>
main()
{static char a[]="language",b[]="program";
char *s1,*s2;int k;
s1=a; s2=b;
for(k=0;k<=7;k++)
if(*(s1+k)==*(s2+k)) printf("%c",*(s1+k));
}
```

5．试编写程序（12-5.c）实现按字母序列比较两个字符串 s，t 的大小，如果 s 大于 t 则返回正值，等于则返回 0，小于则返回负值。

6．已知存放在数组 a 中的数不相重复，在数组 a 中查找与值 x 相等的位置。若找到，输出该值和该值在数组 a 中的位置；若没有找到，输出相应的信息。试编写程序（12-6.c）

### 三、实验要求

1．实验内容第 1 题，分析实验结果，深刻理解指针的含义。

2．通过实验内容第 2、3、4 题，进一步理解和体会指针变量、指针数组、字符串指针的用法。

3．怎样通过指针类型的变量去访问某个变量或数组元素的值。

### 四、实验步骤

实验内容第 5 题的实验步骤：

本实验的目的是学会利用指向字符串的指针变量作为函数参数来进行字符串的运算。参考源程序如下：

```
/*10-5.c*/
#include <stdio.h>
strcmp(char *s,char *t)
{for(;*s==*t;t++,s++)
 if(*s=='\0') return(0);
 return(*s-*t);
}
main()
{char a[20],b[10],*p,*q;
 int i;
 p=a; q=b;
 scanf("%s%s",a,b);
 i=strcmp(p,q);
 printf("%d",i);
}
```

实验内容第 6 题的实验步骤：

查找技巧：边界单元存放要查找的数，循环一定能结束，结束时的下标 i 就暗示着查找是否成功（边界单元：最后元素之后的一个单元）。本例采用顺序查找法进行数据查找。

```
/*10-6.c*/
#define NUM 20
```

```
int input(int *a)   /* 输入整数的个数（≤19），依次输入各个整数 */
{
  int i,n;
  printf("Enter number to elements,0<n<%d:",NUM);
  scanf("%d",&n);       /* 输入整数个数 */

  for(i=0;  i<n;  i++)  /* 依次输入各个整数  */
    scanf("%d",a+i);
  return n;
}
int search(int *a,int n,int x)  /* 在数组 a 中查找 x 的位置，返回-1 未找到 */
{                               /* 返回其他值，找到，返回值就是位置号  */
  int i,p;

  i=0;
  a[n]=x;  /* 最后一个数后面，再添加一个整数 x（要查找的整数） */
  while(x!=a[i])i++;       /* 若还没有找到，继续和下一个比较，直到找到或到达最后 */
                           /* 一个元素后的一个元素 */
  if(i==n)p=-1; /* 未找到，p<=-1 */
  else p=i;        /* 找到，p<=位置号 */
  return p;
}
main()
{
  int a[NUM],x,n,p;/* a 为数表，x 为要查找的数字，n 为数组长度，p 为 x 在数组中的位置 */
  n=input(a);                          /* 输入各个整数 */
  printf("enter the number to search:x=");
  scanf("%d",&x);                      /* 输入要查找的整数 */
  p=search(a,n,x);                     /* 查找 x 在数组中的位置 */
  if(p!=-1)printf("%d index is:%d\n",x,p);
  else printf("%d cannot be found!\n",x);
}
```

说明框：使用指针法访问数组元素（指向 `scanf("%d",a+i);`）

说明框：使用下标法访问数组元素（指向 `a[n]=x;`）

## 五、实验出现的问题、实验结果分析

1．注意"&"和"*"的区别："&"叫做取地址运算符，地址运算符的操作数必须是变量，不能是常量、表达式或寄存器变量。"*"叫做指针运算符，或称为间接访问运算符，它返回操作数（指针）所指向的变量的值。

2．利用指针来引用数组元素。如定义：int a[10];int p; p=a;那么*(p+i)即为数组元素 a[i] 的值。

3．实验结果分析。

实验内容第 5 题的运行结果是：

例如输入：abcd<CR>

　　　　　　bc<CR>

　　　　　　-1

实验内容第 6 题的运行结果是：

```
Enter number to elements,0<n<20：10
5 10 15 20 25 30 40 50 60 70
enter the number to search:x=25
25 index is:4
Enter number to elements,0<n<20：10
5 10 15 20 25 30 40 50 60 70
enter the number to search:x=35
35 cannot be found!
```

## 六、实验思考

1．假设 int *p1;float *p2;那么 p1=p1+5，p2=p2+5 分别是什么含义？赋值后 p1、p2 存放的地址值分别增加了多少？

2．假设 float *p;请问 p，*p，&p 分别代表什么？画图表示。

3．假设 p 是一个指针变量，指针变量 p 为什么必须初始化后，才可以用*p 访问？

4．下面程序是判断输入的字符串是否是"回文"（顺序读和倒序读都一样的字符串称"回文"，如 level），请完成下列填空。

```
#include <stdio.h>
#include <string.h>
main()
{char s[100],*p1,*p2;
 int n;
 gets(s);
 n=strlen(s);
 p1=s;
 p2=_____
 while(p1<p2)
 {if(_____) break;
 else {p1++;p2--;}
 }
 if(p1<p2) printf("no\n");
 else printf("yes\n");
}
```

# 实验十三　构造类型

## 一、实验目的

掌握结构体类型、共用体类型以及相应类型变量的定义方法和引用方法。

## 二、实验内容

1．分析以下程序（13-1.c）的结果。

```
#include <stdio.h>
union cc
```

```
{int a;
 int b;
};
union cc s[4];
union cc *p;
main()
{int n=1,i;
 printf("\n");
 for(i=0;i<4;i++)
 {s[i].a=n;
  s[i].b=s[i].a+1;
  n=n+2;
 }
p=&s[0];
printf("%d",p->a);
printf("%d",++p->a);
 }
```

2．定义枚举类型 money，用枚举元素代表人民币的面值。

3．试编写程序（13-3.c）实现将输入的十六进制的低位字节和高位字节交换。

4．试编写程序（13-4.c）输出某结构体变量所占单元的字节数。

5．试利用结构体类型编写程序（13-5.c）实现将一个学生的数学期中和期末成绩输入，然后计算并输出其平均成绩。

6．已知 head 指向带头结点的单向链表，链表中每个结点包含数据域（data）和指针域（link）。请编写程序（13-6.c）实现链表的逆置。

7．编写程序（13-7.c）实现按学生姓名查询其排名和平均成绩，查询可连续进行，直到键入 0 时结束。请调试该程序，允许修改和添加语句，但不得删除整行。

```
/*13-7.c*/
#include <stdio.h>
#include <string.h>
#define max 4
struct student
{int rank;
 char *name;
 float score;
};
stu[]={3,"ggg",56,5,"tom",67,22,"jack",90,45,"nick",87};
main()
{int i;
 char str[20];
 do{
printf("\n enter a name:");
scanf("%s",str);
for(i=0;i<max;i++)
 if(strcmp(str,stu[i].name)= =0)
 {printf("name  :%8s\n",stu[i].name);
```

```
    printf("rank  %8s\n",stu[i].rank);
    printf("average:%5.2f\n",stu[i].score);
  break;
  }
if(i>=max) printf("not found\n");
}while(strcmp(str,"0")!=0);
  }
```

## 三、实验要求

1．区别结构体类型和简单数据类型、结构体类型和共用体类型。

2．区别结构体类型和共用体类型以及相应类型变量的定义方法和引用。

3．掌握链表的建立、查找、插入和删除操作。

## 四、实验步骤

实验内容第 3 题参考源程序：

```c
/*13-3.c*/
#include <stdio.h>
int main()
{union unit
 {
  struct HL_BYTE
  {
   unsigned char low;
   unsigned char high;
}byte;
unsigned int word;
}x,y;
printf("input a hexadecimal number:\n");
scanf("%x",&x.word);
y.byte.low=x.byte.high;
y.byte.high=x.byte.low;
printf("the changed result is:\n");
printf("%x------->%x\n",x.word,y.byte);
}
```

实验内容第 4 题参考源程序：

```c
/*13-4.c*/
struct p
{
 double I;
 char a[20];
};
main()
{struct p bt;
 printf("bt size:%d\n",sizeof(struct p));
}
```

实验内容第 5 题参考源程序：

```
/*13-5.c*/
main()
{struct study
 {
  int mid;
  int end;
  int average;
 }math;
scanf("%d %d",&math.mid,&math.end);
math.average=(math.mid+math.end)/2;
printf("average=%d\n",math.average);
}
```

实验内容第 6 题参考源程序：

```
/*13-6.c*/
typedef int datatype;
typedef struct node
{datatype data;
 struct node*link;
}linklist;
…
invert(linklist *head)
{linklist *p,*q;
 p=head->link;
 if(p!=NULL)
 {head->link=NULL;
  do
  {q=p->link;
   p->link=head->link;
   head->link=p;
   p=q;
  }
 while(p!=NULL);
 }
}
```

## 五、实验出现的问题、实验结果分析

从键盘为结构体成员输入数据，出错："scanf : floating point formats not linked,Abnormal program termination"，这是 Borland 编译器的一个 BUG。

解决方法：程序中由代码调用浮点函数，以便强制使用协处理器。

```
static void forcefloat(float *p)
{
  float f = *p;
  forcefloat(&f);  /* 递归调用自己-----浮点函数*/
}
```

**六、实验思考**

1. 定义一个结构体变量（包括年、月、日）。计算该日在本年中是第几天？注意闰年问题。

2. 设有两个链表 a，b，每个链表中的结点包括学号、成绩。要求把两个链表合并，按学号升序排列。

3. 结构体数组中存有四个人的姓名和年龄，试编写程序实现输出四人中最年长者的姓名和年龄。

4. 13 人围成一圈，从第 1 个人开始进行顺序报号 1、2、3。凡报到"3"者退出圈子。试找出最后留在圈子中的人原来的序号。

# 实验十四　文件

**一、实验目的**

1. 掌握文件输入/输出的操作过程。
2. 掌握文件的打开方式。
3. 掌握常用文件函数的应用。

**二、实验内容**

1. 试编写程序（14-1.c）将两个文本文件连接成一个文本文件。
2. 编写程序（14-2.c）实现输入 4 名学生的姓名、学号、年龄、住址并存入磁盘文件。
3. 下面程序（14-3.c）用来统计文件中字符的个数，请完成填空。
```c
/*14-3.c*/
#include<stdio.h>
main()
{FILE *fp;long count=0;
if((fp=fopen("letter.dat",_____))==NULL)
{printf("cannot open file\n");exit(0);}
while(!feof(fp))
{_____;
_____;
}
printf("count=%ld\n",count);
fclose(fp);
}
```
4. 假设以下程序（14-4.c）执行前文件 gg.txt 的内容为：**china**。程序运行后的结果是多少。
```c
#include <stdio.h>
void main(void)
{FILE *fp;
 long position;
 fp=fopen("gg.txt","a");
```

```
    position=ftell(fp);
    printf("position=%ld\n",position);
    fprintf(fp, "sample data\n");
    position=ftell(fp);
    printf("position=%ld\n",position);
    fclose(fp);
}
```

### 三、实验要求

1．学会建立磁盘数据文件，进行数据文件的输入和输出。
2．能熟练运用文件处理函数。
3．能编写一般的文件处理类程序。

### 四、实验步骤

实验内容第 1 题参考源程序：
```
#include <stdio.h>
void main()
{
    char n1[80],n2[80],n3[80];
    FILE *fp1,*fp2,*fp3;
    char ch;

    printf("...link two file...\n");
    printf("first file :");  gets(n1);
    printf("second file:");  gets(n2);
    printf("linked file:");  gets(n3);

    fp1=fopen(n1,"r");
    fp2=fopen(n2,"r");
    fp3=fopen(n3,"w");
    if(!fp1||!fp2||!fp3){printf("Error Open File!\n");  exit(1);}
    while((ch=fgetc(fp1))!=EOF) fputc(ch,fp3);
    while((ch=fgetc(fp2))!=EOF) fputc(ch,fp3);
    fclose(fp1);fclose(fp2);fclose(fp3);
    printf("link complete!...\n");
}
```
实验内容第 2 题参考源程序：
```
#include <stdio.h>
#define size 4
struct student{
 char name[10];
 int num;
 int age;
 char addr[15];
}
```

```
stud[size];
void save()
{
 FILE *fp;
 int i;
 if((fp=fopen("stu_list","wb"))==NULL)
{
 printf("cannot open file\n");
 return;
}
for(i=0;i<size;i++)
 if(fwrite(&stu[i],sizeof(struct student),1,fp)!=1)
 printf("file write error\n");
}
main()
{int i;
 for(i=0;i<size;i++)
 scanf("%s,%d,%d,%s",stud[i],name,&stud[i].num,&stud[i].age,stud[i].addr);
 save();
}
```

**五、实验出现的问题、实验结果分析**

1．给文本文件加上行号后存储到另外一个文本文件。

提示：读文件一行函数 int getline(FILE *fp,char buffer[])由教师提供。函数功能：从 fp 指向的文本文件中读取一行，并存放在缓冲区 buffer 中。

返回值：

0－正常读取以'\n'结束的文本行，文件没有结束。

1－读取到一部分文本，文件结束。

2－未读取到文本，文件结束。

2．实验结果分析：

实验内容第 1 题的结果是：

测试数据文件：

**d1.txt 内容：**
```
Hi
Hello How are you?
```

**d2.txt 内容：**
```
good morning!
Mrs Wang
```

运行过程：
```
...link two file...
first file :d1.txt<CR>
second file:d2.txt<CR>
linked file:d3.txt<CR>
```

```
link complete!...
```

运行后产生文件 d3.txt：
```
Hi
Hello How are you?
good morning!
Mrs Wang
```

## 六、实验思考

1．文件读写操作前应该做什么工作？文件完成后又应该做什么工作？

2．文本文件，二进制文件操作前应当如何设置文件打开的方式？

3．判断文件结束的两种方法是什么？两种方法有什么区别？

4．数据文件默认存放的位置在哪里？如果要求数据文件存放在 D:\work 中，那么程序应该如何修改？

5．Turbo C++系统提供的文件函数 fcloseall()的功能？

# 第二部分 例题解析与习题

## 第 1 章 C 语言概述

### 1.1 例题解析

【例 1】对于一个正常运行的 C 程序，以下叙述中正确的是（　　）。

A．程序的执行总是从 main 函数开始，在 main 函数结束

B．程序的执行总是从程序的第一个函数开始，在 main 函数结束

C．程序的执行总是从 main 函数开始，在程序的最后一个函数结束

D．程序的执行总是从程序的第一个函数开始，在程序的最后一个函数结束

【解析】在 C 语言中，所有函数的定义，包括主函数 main 在内，都是平行的。也就是说，在一个函数的函数体内，不能再定义另一个函数，即不能嵌套定义。但是函数之间允许互相调用，也允许嵌套调用，习惯上把调用者称为主函数。调用函数还可以调用自己，称为递归调用。main 函数是主函数，它可以调用其他函数，而不允许被其他函数调用。因此，C 程序的执行总是从 main 函数开始，完成对其他函数的调用后返回到 main 函数，最后由 main 函数结束整个程序。一个 C 源程序必须有也只能有一个 main 函数。

【答案】A

【例 2】下列叙述中正确的是（　　）。

A．每个 C 程序文件中都必须要有一个 main 函数

B．在 C 程序中 main() 的位置是固定的

C．C 程序中所有函数之间都可以相互调用，与函数所在位置无关

D．在 C 程序的函数中不能定义另一个函数

【解析】C 程序中 main 函数可以放在任何位置，C 程序总是从 main 函数开始执行。函数调用时，必须在所有函数的外部、被调用函数之前说明该函数。C 程序的函数中可以定义另一个函数。

【答案】A

【例 3】以下关于函数的叙述中正确的是（　　）。

A．每个函数都可以被其他函数调用

B．每个函数都可以被单独编译

C．每个函数都可以单独运行

D．在一个函数内部可以定义另一个函数

【解析】C 语言中，除了主函数外，用户定义的函数或库函数都可以互相进行调用，甚至可以自己调用自己。所以 A 选项错误。每个函数可以被单独编译成二进制代码，但不是所有的函数都可以单独运行，程序的运行需要从主函数 main 开始，缺少 main，则无法运行。所以

C 选项错误。C 语言规定，不能在一个函数内部再定义函数，所以 D 选项错误。

【答案】B

【例 4】以下叙述中正确的是（　　）。

　　A．C 语言程序将从源程序中第一个函数开始执行

　　B．可以在程序中由用户指定任意一个函数作为主函数，程序将从此开始执行

　　C．C 语言规定必须用 main 作为主函数名，程序从此开始执行，在此结束

　　D．main 可作为用户标识符，用以命名任意一个函数作为主函数

【解析】程序都由一个或多个函数组成，其中必须出现的函数是 main()，它作为程序开始运行时首先被调用的函数。不能把 main 作为变量名字，否则可能破坏编译程序的正常操作。

【答案】C

## 1.2　练习题

一、选择题

1．以下对 C 语言的描述中正确的是（　　）。

　　A．C 语言源程序中可以有重名的函数

　　B．C 语言源程序中要求每行只能书写一条语句

　　C．注释可以出现在 C 语言源程序中的任何位置

　　D．最小的 C 语言源程序中没有任何内容

2．下列语句中，说法正确的是（　　）。

　　A．C 程序书写格式严格，每行只能写一个语句

　　B．C 程序书写格式严格，每行必须有行号

　　C．C 程序书写格式自由，每行可以写多条语句，但之间必须用逗号隔开

　　D．C 程序书写格式自由，一个语句可以分写在多行

3．在 C 语言程序中，（　　）。

　　A．函数的定义可以嵌套，但函数的调用不可以嵌套

　　B．函数的定义不可以嵌套，但函数的调用可以嵌套

　　C．函数的定义和函数的调用均不可以嵌套

　　D．函数的定义和函数的调用均可以嵌套

4．以下说法中正确的是（　　）。

　　A．C 语言程序总是从第一个定义的函数开始执行

　　B．在 C 语言程序中，要调用的函数必须在 main()函数中定义

　　C．C 语言程序总是从 main()函数开始执行

　　D．C 语言程序中的 main()函数必须放在程序的开始部分

5．编辑程序的功能是（　　）。

　　A．建立并修改程序　　　　　　　　B．将 C 源程序编译成目标程序

　　C．调试程序　　　　　　　　　　　D．命令计算机执行指定的操作

6．以下不是 C 语言的特点的是（　　）。

　　A．C 语言简洁、紧凑

　　B．能够编制出功能复杂的程序

C．C 语言可以直接对硬件进行操作

D．C 语言移植性好

二、填空题

1．C 语言符号集包括_____。

2．一个 C 程序有且仅有一个_____函数。

3．C 程序的基本单位是_____。

4．一个 C 程序有_____个 main()函数和_____个其他函数。

5．在一个 C 源程序中，注释部分两侧的分界符分别是_____和_____。

6．结构化设计中的三种基本结构是_____。

7．在 C 语言中，输入操作是由库函数_____完成的，输出操作是由库函数_____完成的。

# 第 2 章　数据类型、运算符和表达式

## 2.1　例题解析

【例 1】按照 C 语言规定的用户标识符命名规则，不能出现在标识符中的是（　　）。

  A．大写字母       B．连接符

  C．数字字符       D．下划线

【解析】C 语言规定标识符只能由字母、数字和下划线 3 种字符组成，且第一个字母必须为下划线或字母。

【答案】B

【例 2】下列定义变量的语句中错误的是（　　）。

  A．int _int;       B．double int_;

  C．char f_or       D．float US$;

【解析】$不能用作变量名，合法的标识符只能由字母、数字和下划线 3 种字符组成。

【答案】D

【例 3】以下不合法的数值常量是（　　）。

  A．001        B．1e1

  C．8.0E0.5       D．0xabcd

【解析】A 中 001 是一个八进制整数常量，B 中 1e1 是浮点常量的科学记数法表示，而 C 中 8.0E0.5 则是错误的记法，因为 E（e）前后必须有数字，而且后面必须是整数。

【答案】C

【例 4】以下不合法的字符常量是（　　）。

  A．'\018'       B．'\"'

  C．'\\'        D．'\xcc'

【解析】C 语言中允许一种特殊形式的字符常量，也就是一个以"\"开头的字符序列，'\ddd'表示八进制所代表的字符，'\xhh'表示十六进制所代表的字符，转义字符' \" '和'\\'分别表示字符"和\。故选项 A 中数值越界。

【答案】A

【例 5】以下叙述中错误的是（　　　）。

    A．用户所定义的标识符允许使用关键字

    B．用户所定义的标识符应尽量做到"见名知义"

    C．用户所定义的标识符必须以字母或下划线开头

    D．用户所定义的标识符中，大、小写字母代表不同标识

【解析】合法的标识符只能由字母、数字和下划线 3 种字符组成，并且第一个字符必须为字母或下划线。另外，在 C 语言中，大写字母和小写字母被认为是两个不同的字符。用户标识符是根据需要定义的标识符，除了要遵循命名规则外，还应注意做到"见名知义"。如果用户标识符与关键字相同，则程序在编译时将给出出错信息。所以用户所定义的标识符不允许使用关键字。选项 A 说法错误。

【答案】A

【例 6】在 C 语言中，合法的长整型常数是（　　　）。

    A．0L                              B．4962710

    C．3245628&                     D．216D

【解析】选项 A 中的表达式是正确的，以 L 或 l 结尾的整数都是长整型数。

【答案】A

【例 7】以下选项中可作为 C 语言合法常量的是（　　　）。

    A．-80                              B．-080

    C．-8e1.0                     D．-80.0e

【解析】本题综合考查了整型数据和实型数据的表示方法，B 中出现了不合法的八进制数字 8，C 的指数部分不是整数，D 缺少指数部分，故不合法。

【答案】A

【例 8】以下选项中，当 x 为大于 1 的奇数时，值为 0 的表达式是（　　　）。

    A．x%2＝＝1                     B．x/2

    C．x%2!=0                     D．x%2＝＝0

【解析】表达式 x%2==1 是判断 x%2 的值是否等于 1；表达式 x%2!=0 是判断 x%2 是否不等于 0。由于当 x 为大于 1 的奇数时，x%2 的值为 1，所以选项 A、D 的表达式都为 1；x/2 是整除运算，由于 x 为大于 1 的奇数，最小为 3，所以 x/2 为大于 0 的数值；x%2==0 是判断 x%2 的值是否是 0，由于 x%2 的值为 1，故关系表达式 x%2＝＝0 为假，即表达式的值为 0，所以正确选项为 D。

【答案】D

【例 9】表达式 3.6-5/2+1.2+5%2 的值是（　　　）。

    A．4.3                              B．4.8

    C．3.3                              D．3.8

【解析】5/2 是整数相除，结果为 2。5%2 取模得到 1，因此，结果为 3.8。

【答案】D

【例 10】C 语言中最简单的数据类型包括（　　　）。

    A．整型、实型、逻辑型                   B．整型、实型、字符型

C．整型、字符型、逻辑型　　　　　　　D．整型、实型、逻辑型、字符型

【解析】本题考查的知识点为 C 语言里最基本的数据类型。在 C 语言里，没有逻辑型的数据类型，表示逻辑关系的数据由 0 和非 0 表示，在 C 语言里，最基本的数据类型只有整型、实型和字符型。因此本题正确答案为 B。

【答案】B

【例 11】若变量 x、y 已正确定义并赋值，以下符合 C 语言语法的表达式是（　　）。

A．++x,y=x--;　　　　　　　　　　　B．x+1=y;

C．x=x+10=x+y　　　　　　　　　　D．double(x)/10

【解析】赋值表达式形式为：变量名=表达式，选项 D 表示将变量 x 强制转换为 double 类型再除以 10。

【答案】D

## 2.2　练习题

一、选择题

1．C 语言提供的合法数据类型关键字是　（　　）。

　　A．double　　　　　B．short　　　　C．integer　　　D．char

2．对于下列各字符串，请选择正确的标识符（　　）。

　　A．Boo　　　　　　B．for　　　　　C．5abc　　　　D．I like C

3．下列不属于字符型常量的是（　　）。

　　A．'A'　　　　　　B．"B"　　　　　C．'\n'　　　　　D．'D'

4．C 语言中的标识符只能由字母、数字和下划线 3 种字符组成，且第一个字符（　　）。

　　A．必须为字母或下划线

　　B．必须为下划线

　　C．必须为字母

　　D．可以是字母、数字和下划线中的任一种字符

5．下面四个选项中，均是正确的八进制数或十六进制数的选项是（　　）。

　　A．-10　　0x8f　　-011　　　　　　B．010　　-0x11　　0xf1

　　C．0abc　　-017　　0xc　　　　　　D．0a12　　-0x123　　-0xa

6．若有定义：int a = 7;　float x = 2.5 , y = 4.7；则表达式 $x + a \% 3 * (int) (x + y) \% 2/4$ 的值是（　　）。

　　A．2.750000　　　B．0.00000　　　C．3.500000　　D．2.500000

7．已知 ch 是字符型变量，下面不正确的赋值语句是（　　）。

　　A．ch = 5 + 9;　　B．ch = 'a + b';　C．ch = '\0';　　D．ch= '7' + '6';

8．正确的自定义标识符是（　　）。

　　A．a=2　　　　　　B．a+b　　　　　C．name　　　　D．default

9．错误的转义字符是（　　）。

　　A．'\091'　　　　　B．'\\'　　　　　C．'\0'　　　　　D．'\"'

10．设 int a,b,c;执行表达式 a=b=1，a++，b+1，c=a+b--后，a,b 和 c 的值分别是（　　）。

　　A．2,1,2　　　　　B．2,0,3　　　　C．2,2,3　　　　D．2,1,3

11．在 C 语言中，错误的常数是（    ）。

    A．1E+0.0             B．5.             C．0xaf            D．0L

12．下列正确的标识符是（    ）。

    A．12ab             B．float             C．aw~1e          D．b6ty

13．下列运算符中优先级最高的是（    ）。

    A．&&               B．++             C．?:              D．!=

14．以下能正确地定义整型变量 a，b 和 c 并为 c 赋初值 5 的语句是（    ）。

    A．int a=b=c=5;                            B．int a,b,c=5;

    C．a=5,b=5,c=5;                            D．a=c=b=5;

15．若有以下定义：

```
char a; int b;
float c; double d;
```

则表达式 a*b+d-c 值的类型为（    ）。

    A．float            B．int              C．char             D．double

16．C 语言提供的合法关键字是（    ）。

    A．swith            B．cher             C．Case             D．default

17．下列可以用作变量名的是（    ）。

    A．1                B．al               C．int              D．*p

18．以下定义语句中正确的是（    ）。

    A．char a='A'b='B';                   B．float a=b=10.0;

    C．int a=10,*b=&a;                  D．float *a,b=&a;

19．下列选项中，不能用作标识符的是（    ）。

    A．_1234_           B．_1_2            C．int_2_          D．2_int_

20．以下选项中，哪一个是 C 语言中合法的字符串常量（    ）。

    A．how are you       B．"china"         C．'hello'         D．$abc$

二、填空题

1．表达式 11/5 的结果是_____，表达式 11%5 的结果是_____。

2．设 int x；当 x 的值分别为 1、2、3、4 时．表达式(x&1==1)?1：0 的值分别是_____。

3．执行下列语句后，a 的值是_____。

    int a=12;a+=a-=a*a;

4．若 s 是 int 型变量，且 s=6，则表达式 s%2+(s+1)%2 的值为_____。

5．若 a、b 和 c 均是 int 型变量，则计算表达式 a=(b=4)+(c=2)后，a 值为_____，b 值为_____，c 值为_____。

6．C 语言中运算对象必须是整型的运算符是_____。

7．若 x 和 n 均是 int 型变量，且 x 和 n 的初值均为 5，则计算表达式 x+=n++后，x 的值为_____，n 的值为_____。

8．若有定义：int a=2,b=3;float x=3.5,y=2.5;则表达式（float）(a+b)/2+(int)x%(int)y 的值为_____。

9．若有定义：char c='\010';则变量 c 中包含的字符个数为_____。

10．假设所有变量均为整型，则表达式(a=2,b=5,a++,b++,a+b)的值为_____。

11．若 x 和 y 都是 double 型变量，且 x 的初值为 3.0,y 的初值为 2.0,则表达式 pow(y,fabs(x)) 的值为_____。

12．表达式 12/3*(int)2.5/（int）(1.25*(3.7+2.3))值的数据类型为_____。

13．表达式 pow(3.8,sqrt(double(x))) 值的数据类型为_____。

14．设 int x=9,y=8;表达式 x==y+1 的结果是_____。

15．假设 m 是一个三位数，从左到右用 a、b、c 表示各位的数字，则从左到右各个数字是 bac 的三位数的表达式是_____。

# 第 3 章　顺序结构

## 3.1　例题解析

【例 1】以下程序的功能是：给 r 输入数据后计算半径为 r 的圆面积 s。程序在编译时出错。出错的原因是（　　）。

```
main()
/* Beginning */
{int r;float S;
Scanf("%d",&r);
S=π*r*r;
Printf("S=%f\n",S);
}
```

 A．注释语句书写位置错误

 B．存放圆半径的变量不应该定义为整型

 C．输出语句中格式描述符非法

 D．计算圆面积的赋值语句中使用了非法变量

【解析】程序中在计算圆面积时，语句 S=π*r*r 是错误的，因为这里的 π 没有进行定义，正确的使用方法应该是在 main 前进行宏定义，确定 π 的值。

【答案】D

【例 2】信函的重量不超过 100g 时，每 20g 付邮资 80 分，即信函的重量不超过 20g 时，付邮资 80 分，信函的重量超过 20g,不超过 40g 时，付邮资 160 分，编写程序输入信函的重量，输出应付邮资（使用顺序结构）。

【解析】题目的要求是用顺序结构，那么我们来分析一下信函的重量与邮资的关系，在信函的重量不超过 100g 的前提下，可以用下表表示信函的重量与邮资的关系。

| 信函的重量 | 邮资 |
| --- | --- |
| <20 | 80 分 |
| <40 | 160 分 |
| <60 | 240 分 |
| <80 | 320 分 |
| <100 | 400 分 |

根据表中的数据，可以推断出：邮资=（（信函的重量）整除 20 +1）*80

【答案】

```
#include <stdio.h>
void main()
{
  int weight,postage;
  printf("输入信函的重量：");
  scanf("%d",&weight);
  postage=(weight/20+1)*80;
  printf("信函的邮资=%d\n",postage);
}
```

### 3.2  练习题

一、选择题

1. 下面程序中的输出语句，a 的值是（    ）。

```
main()
{
int a;
Printf("%d\n",(a=3*5,a*4,a+5));
}
```

　A. 65　　　　　　　　　　　　　　B. 20
　C. 15　　　　　　　　　　　　　　D. 10

2. 有定义：int x=10，y=3，z；则语句 print("%d\n",z=(x%y,x/y));的输出结果是（    ）。

　A. 1　　　　　　　　　　　　　　B. 0
　C. 4　　　　　　　　　　　　　　D. 3

3. 下面程序的输出结果是（    ）。

```
Main()
{
int x=10,y=10;
printf("%d%d\n",x--,--y);
}
```

　A. 10 10　　　　　B. 9 9　　　　　C. 9 10　　　　　D. 10 9

4. 若要求的值分别为 10、10、A、B，正确的数据输入是（    ）。

　A. 10A 20B<CR>　　　　　　　　B. 10 A 20 B<CR>
　C. 10 A20B<CR>　　　　　　　　D. 10A20 B<CR>

5. 若 x,y 均定义为 int 型，z 定义为 double 型，以下不合法的 scanf 函数调用语句是（    ）。

　A. scanf("%d%d1x,%1e",&x,&y,&z);
　B. scanf("%2d*%d%1f",&x,&y,&z);
　C. scanf("%x%*d%o",&x,&Y);
　D. scanf("%x%o%6.2f", &x,&y,&z);

6. 以下程序的执行结果是（    ）。

```
#include<stdio.h>
main()
{
int sum,gao;
sum=gao=5;
gao=sum++;
gao++;
++gao;
printf("%d\n",gao);
}
```
    A．7            B．6           C．5           D．4

7．设有如下说明，则能够正确使用 C 语言库函数的赋值语句是（    ）。

    A．z=exp(y)+fabs(x);

    B．y=log10(y)+pow(y);

    C．z=sqrt(y-z);

    D．x=(int)(atan2((double)x,y)+exp(y-0.2));

8．已知字母 A 的 ASCII 码是 65，以下程序的执行结果是（    ）。

```
#include<stdio.h>
main()
{
 char c1='a',C2='Y';
 printf("%d,%d\n",c1,c2);
```
    A．A,Y            B．65,65           C．65,90        D．97,89

9．设 X，Y 均为 Float 变量，则以下不合法的赋值语句是（    ）。

    A．++x;                             B．y=(x%2)/10;

    C．x*=y+8;                      D．x=y=10;

10．以下能正确地定义整形变量 x，y，z 并为其赋初值 5 的语句是 （    ）。

    A．int x=y=z=5;                 B．int x，y,z=5;

    C．x=5,y=5,z=5;              D．x=y=z=5;

11．已知 ch 是字符型变量，下面不正确的赋值语句是（    ）。

    A．ch='a+b';                    B．ich='\o';

    C．ch='7'+'9';                 D．ch=5+9;

12．已知 ch 是字符型变量，下面正确的赋值语句是（    ）。

    A．ch='123';                   B．ch='\xff';

    C．ch='\08'                    D．ch="\";

13．若有以下定义，则正确的赋值语句是（    ）。

```
int a,b; float x
```
    A．a=1,b=2                   B．b++;

    C．a=b=5                    D．b=int(x);

14．设 X,Y 均为 Float 变量，则以下不合法的赋值语句是（    ）。

    A．++x;                             B．y=(x%2)/10;

  C．x*=y+8;        D．x=y=10;

15．设 x,y,z 均为 int 变量，则执行语句 x=(y=(z=(10)+5)-5);后，x,y,z 的值是（  ）。

  A．x=10 y=15 z=10    B．x=10 y=10 z=10

  C．x=10 y=10 z=15    D．x=10 y=5 z=10

二、填空题

1．假设变量 a 和 b 为整型，以下语句可以不借助任何变量把 a，b 中的值进行交换，请填空：a+=_____;b=a-_____;a-=_____;

2．假设变量 x 为整型变量，则执行下面语句后 x 的值为_____。

x=7;  x+=x-=x+x;

3．假设变量 a，b，c 为整型，以下语句借助中间变量把 a，b 和 c 中的值进行交换，把 b 的值给 a，把 c 的值给 b，把 a 的值给 c。例如，交换前，a=10，b=20，c=30，交换后 a=20，b=30，c=10。请填空：

_____; a=b;b=c; _____;

4．以下程序的执行结果是_____。

```
#include<stdio.h>
main()
{
  char c='A'+10;
  printf("c=%c\n",c);
}
```

5．以下程序输入 123456<CR>后的执行结果是_____。

```
#include<stdio.h>
main()
{
int a,b;
scanf("%2d%3d",&a,&b);
printf("a=%d,b=%d\n",a,b);
}
```

6．有一输入函数 scanf("%d",k);则不能使用 float 变量 k 得到正确数值的原因是_____和_____。scanf 语句的正确形式应该是：scanf("%f",&k)。

7．以下程序的输出结果为_____。

```
main()
{printf("*%f,%4.3f*\n",3.14,3.1415);}
```

8．以下程序的输出结果为_____。

```
main()
{ int x=1,y=2;
printf("x=%d y=%d*sum*=%d\n",x,y,x+y);
printf("10 的平方是:%d\n",10*10);
}
```

9．以下程序的执行结果是_____。

```
#include<stdio.h>
main()
```

```
{
 char c='A';
printf("dec:%d,oct:%O,hex:%x,ASCII:%c\n",c,c,c,c);
}
```

10．语句 printf("##%*d\n",i);中*的作用是_____，而语句 printf("%-6d##\n",x);中-的作用是_____。

### 三、程序设计题

1．编写程序，从键盘输入梯形的上下底边长度和高，计算梯形的面积。

2．编写程序，从键盘上输入一行字符，并依次显示在屏幕上。

3．编写程序，从键盘上输入两个电阻的值，求它们并联和串联的电阻值，输出结果保留两位小数。

# 第 4 章 选择结构

## 4.1 例题解析

【例 1】下面关于逻辑运算符两侧运算对象的叙述中正确的是（　　）。

 A．只能是整数 0 或 1       B．可以是任意合法的表达式

 C．可以是结构体类型的数据     D．只能是整数 0 或非 0 整数

【解析】逻辑运算的对象可以是 C 语言中任意合法的表达式。

【答案】B

【例 2】C 语言中，switch 后的括号内表达式的值可以是（　　）。

 A．只能为整型         B．只能为整型，字符型，枚举型

 C．只能为整型和字符型      D．任何类型

【解析】原来的 C 标准规定：switch 后面的括号内的表达式，可以是整型、字符型或者枚举型数据的表达式，但新的 ANSI C 标准规定上述表述式和 case 后的常量表达式的值可以是任何类型。

【答案】D

【例 3】设有定义："int a=2,b=3,c=4;"，则以下选项中值为 0 的表达式是（　　）。

 A．(!a==1)&&(!b=0)      B．(a>b)&&!c||1

 C．a&&b          D．a||(b+b)&&(c-a)

【解析】本题考查逻辑运算。根据运算符的优先级顺序，选项 A 的值为"（!2==1）&&(!3==0)=0"；选项 B 的值为"(2>3)&&!4||1=1"；选项 C 的"2&&3=1"，选项 D 的值为"2||(3+3)&&(4-2)=1"；所以只有选项 A 的值为 0。

【答案】A

【例 4】有以下程序：

```
main()
{ int a,b,c=25;
 a=c/10%9;
 b=a&&(-1);
```

```
        printf("%d,%d",a,b);
}
```

程序运行后输出结果是（　　）。

　　A. 6, 1　　　　　　B. 2, 1　　　　　C. 6, 0　　　　　D. 2, 0

【解析】本题的考点是关于 C 语言的整数运算和逻辑运算。c 的初值是"25"，"a=c/10%9"中 c/10 整除结果是 2，再用 9 求余结果仍为 2，因此 a 的值为 2。而"b=a&&(-1)"，由于&&两边都不为 0，所以 b=1。正确选项为 B。

【答案】B

【例 5】有以下程序：

```
main()
  { int i=1,j=2,k=3;
if(i++==1&&(++j==3||k++==3))
  printf("%d,%d,%d\n",i,j,k);
}
```

程序运行后输出结果是（　　）。

　　A. 1,2,3　　　　　B. 2,3,4　　　　　C. 2,2,3　　　　　D. 2,3,3

【解析】本题的考点是关于 C 语言的逻辑表达式的计算规则。对于逻辑表达式"i++==1&&(++j==3||k++==3)"，先判断"i++==1"，由于 i 为 1，"i++==1"为真，同时 i 的值加 1 为 2，&&左边一项为真，则结果取决于"++j==3||k++==3"，这一项先判断"++j==3"，由于 j 的初值为 2，++j 后 j 的值为 3，"++j==3"的值为真，对于||运算符，有一边为真则为真，所以||左边为真，就能得出"++j==3||k++==3"为真，就不用再去判断||后一项的值，也就是不会去运算"k++==3"，故 k 的值没有变化。输出结果应该是：2，3，3。正确选项是 D。

【答案】D

【例 6】已定义"char ch='$';int i=1,j;"，执行"j=!ch&&i++"以后，i 的值为_____。

【解析】用"&&"连接两个表达式时，若第一个表达式的值为假，则运算结果与第二个表达式无关，此时第二个表达式将不再运算。本题中第一个表达式"j=!ch"的值为 0，所以第二个表达式 i++没有进行运算，i 的值为 1。

【例 7】当 a=1，b=3，c=5，d=4 时，执行下面一段程序后，x 值为（　　）

```
if (a<b)
    if(c<d)   x=1;
    else   if(a<c)
            if(b<d)   x=2;
            else    x=3;
    else   x=6;
else    x=7;
```

　　A. 1　　　　　　　B. 2　　　　　　　C. 3　　　　　　　D. 6

【解析】本题的难点是嵌套 if 语句中应注意 if 与 else 的配对关系，else 总是与它上面的最近的 if 配对。

【答案】B

【例 8】有以下程序，运行后的输出结果是（　　）。

```
main()
```

```
{ int a=2,b=0,c= -1;
if(a=b+c)
if(a>0) b=c=a;
else if(a==0) a=b=c=0
   else a=b=c=1
else a=b=c=-1
printf ("%d,%d,%d",a,b,c); }
```
    A. 1, 1, 1　　　　　　　　　B. 0, 0, 0
    C. -1, -1, -1　　　　　　　D. 2, 2, 2

【解析】此题易犯的错误是把 C 语言中的赋值号 "=" 理解成数学中的等号，从而选出答案为 C。实际上第一个 if 语句中的条件表达式是一个赋值表达式，它的值也即 a 的值为-1，即逻辑真，执行 if 后的语句，由于 a= -1，执行语句 a=b=c=1，使 a，b，c 的值均为 1。

【答案】A

【例 9】执行以下程序段后，变量 a,b,c 的值分别是（　　）。
```
int x=10,y=9;
int a,b,c;
a=(--x==y++)?--x:++y;
b=x++;
c=y;
```
    A. a=9,b=9,c=9　　　　　　B. a=8,b=8,c=10
    C. a=9,b=10,c=9　　　　　　D. a=1,b=11,c=10

【解析】本题主要是考查条件表达式的求解方式和同一个变量自增自减在一个表达式出现时求该变量的值。条件表达式 "a=(--x==y++)?--x:++y;" 中 "--x==y++" 代入数据 "9==9" 为真，所以条件表达式的值为? 后面的 "--x"（不再执行后面的++y），经过刚才那次 "--x"，x 的值为 9，再经过这次 "--x"，x 的值为 8，b 的值就为 8，c 的值为 10。

【答案】B

【例 10】请读下面程序，输出结果是（　　）。
```
#include<stdio.h>
main( )
{ int   x=1,y=0,a=0,b=0;
   switch(x)
   { case 1:
     switch(y)
     { case 0:  a++;break;
       case 1:  b++;break;}
     case 2:
        a++;  b++;break;
   }
    printf ("a=%d,b=%d\n",a,b);}
```
    A. a=2,b=1　　　　　　　　B. a=1,b=1
    C. a=1,b=0　　　　　　　　D. a=2,b=2

【解析】在第一个 switch 语句的 case 1 子句中又是一个 switch 语句，而且第二个 switch 语句后（不是指在第二个 switch 内部）没有 break 语句，所以当 x=1 时，执行完第二个 switch

语句后，接下来会执行 case 2 子句，注意，这是解此题的关键，最终结果为 A。

**【答案】** A

### 4.2  练习题

一、选择题

1．逻辑运算符两侧运算对象的数据类型（    ）。

    A．能是 0 或 1                   B．只能是 0 或非 0 正数

    C．只能是整型或字符型数据        D．可以是任何类型的数据

2．正确表示"当 x 的取值在[1，10]和[200，210]范围内为真，否则为假"的表达式是（    ）。

    A．(x>=1)&&(x<=10)&&(x>=200)&&(x<=210)

    B．(x>=1)||(x<=10)||(x>=200)||(x<=210)

    C．(x>=1)&&(x<=l0)||(x>=200)&&(x<=210)

    D．(x>=1)||(x<=10)&&(x>=200)||(x<=210)

3．x、y 和 z 是 int 型变量，且 x=3，y=4，z=5，则下面表达式中值为 0 的是（    ）。

    A．'x'&&'y'                       B．x<=y

    C．x||y+z&&y-z               D．!((x<y&&!z||1)

4．判断 char 型变量 ch 是否为大写字母的正确表达式是（    ）。

    A．'A'<=ch<='Z'               B．(ch>='A')&(ch<='Z')

    C．(ch>='A')&&(ch<='Z')       D．('A'<=ch)AND('Z'>=ch)

5．为了避免在嵌套的条件语句 if-else 中产生二义性，C 语言规定 else 子句总是与（    ）配对。

    A．缩排位置相同的 if        B．其之前最近的 if

    C．其之后最近的 if         D．同一行的 if

6．若希望当 A 的值为奇数时，表达式的值为"真"，A 的值为偶数时，表达式的值为"假"。则以下不能满足要求的表达式是（    ）。

    A．if(A%2==1)             B．if(!(A%2==0))

    C．if(!(A%2))              D．if(A%2)

7．执行以下语句后 a 的值为(C),b 的值为（    ）。

```
int a,b,c;
a=b=c=1;
++a||++b&&++c;
```

    ①　A．错误      B．0        C．2        D．1

    ②　A．1        B．2       C．错误     D．0

8．执行以下语句后 a 的值为(B), b 的值为（    ）。

```
int a=5,b=6,w=1,x=2,y=3,z=4;
(a=w>x)&&(b=y>z);
```

    ①　A．5        B．0       C．2       D1

    ②　A．6        B．0       C．1       D4

9．已知 int x=10,y=20，z=30；以下语句执行后 x，y，z 的值是（    ）。

```
if(x>y)
```

```
z=x;x=y; y=z;
```
　　A．x=l0，y=20，z=30　　　　　B．x=20，y=30，z=30
　　C．x=20，y=10，z=10　　　　　D．x=20，y=30，z=20

10．阅读以下程序

```
main()
{int a=5,b=1,c=1;
if(a=b+c) printf("***\n");
else    printf("$$$\n");
}
```

以上程序（　　）。

　　A．语法有错不能通过编译　　　　B．可以通过编译但不能通过连接
　　C．输出***　　　　　　　　　　D．输出$$$

11．以下程序运行结果是（　　）。

```
main()
{int m=5;
 if(m++>5)printf("%d\n",m);
else   printf("%d\n",m--);
}
```

　　A．4　　　　　　　B．5　　　　　　　C．6　　　　　　　D．7

12．当 a=1,b=3,c=5,d=4 时，执行完下面一段程序后 x 的值是（　　）。

```
if(a<b)
if(c<d)  x=1;
else
  if(a<c)
    if(b<d)  x=2;
    else x=3;
   else x=6;
  else x=7;
```

　　A．1　　　　　　　B．2　　　　　　　C．3　　　　　　　D．6

13．以下程序的运行结果是（　　）。

```
main()
{int x=2,y=-1,z=2;
 if(x<y)
  if(y<0)  z=0;
  else    z+=1;
printf("%d\n",z);
}
```

　　A．3　　　　　　　B．2　　　　　　　C．1　　　　　　　D．0

14．以下程序的运行结果是（　　）。

```
main()
{int k=4,a=3,b=2,c=1;
 printf("\n%d\n",k<a? k:c<b? c:a);
}
```

A. 4　　　　　　　　B. 3　　　　　　　　C. 2　　　　　　　　D. 1

15. 执行下列程序，输入为 1 的输出结果是（　　），输入为 3 的输出结果是（　　）。

```
#include<stdio.h>
main()
{
int k;
scanf("%d",&k);
switch(k)
{case 1:
printf("%d\n",k++);
case 2:
printf("%d\n",k++);
case 3:
printf("%d\n",k++);
case 4: printf("%d\n",k++);break;
default:
printf("FULL!\n");
}
}
```

①A. 1　　　　　　　　B. 2　　　　　　　　C. 2　　　　　　　　D. 1
　　　　　　　　　　　　　　　　　　　　　　　3　　　　　　　　　2
　　　　　　　　　　　　　　　　　　　　　　　4　　　　　　　　　3
　　　　　　　　　　　　　　　　　　　　　　　5　　　　　　　　　4

②A. 3　　　　　　　　B. 4　　　　　　　　C. 3　　　　　　　　D. 4
　　　　　　　　　　　　　　　　　　　　　　　4　　　　　　　　　5

二、填空题

1. 设 y 为 int 型变量，请写出描述"y 是奇数"的表达式_____。

2. 设 x,y,z 均为 int 型变量，请写出描述"x 或 y 中有一个小于 z"的表达式_____。

3. 当 m=2,n=1,a=1,b=2,c=3 时，执行完 d=(m=a!=b)&&(n=b>c)后；n 的值为_____，m 的值为_____。

4. 设有变量定义：int a=10,c=9;则表达式 (--a!=c++)?--a:++c 的值是_____。

5. 以下程序运行结果是_____。

```
main()
{ int x,y,z;
 x=1,y=2,z=3;
 x=y--<x+y!=z;
 Printf("%d,%d",x,y);
}
```

6. 执行以下的 C 语言程序段后，a=_____，b=_____，c=_____。

```
int x=10,y=9;
int a,b,c;
a=(x--==y++)?x--:y++;
b=x++;
```

```
c=y;
```

7. 以下程序段的运行结果是_____。

```
int x=1,y=0;
switch (x)
{ case 1 :
switch (y)
{ case 0 : printf("**1**"); break;
case 1 : printf("**2**"); break;
}
case 2 : printf("**3**");
}
```

8. 以下程序的运行结果是_____。

```
main()
{int a,b,c;
 int s,w,t;
 s=w=t=0;
 a=-1;b=3;c=3;
 if(c>0)  s=a+b;
 if(a<=0)
 {if (b>0)
if(c<=0) w=a-b;}
else if(c>0) w=a-b;
else t=c;
printf("%d %d %d",s,w,t);
}
```

9. 设有程序片断:

```
switch (grade)
{  case 'A' : printf("85-100");
   case 'B' : printf("70-84");
   case 'C' : printf("60-69");
   case 'D' : printf("<60");
   default  : printf("error! ");
}
```

若 grade 的值为'C',则输出结果是_____。

10. 以下程序的运行结果是_____。

```
#include<stdio.h>
main()
{int x, y=-2, z=0;
if((z=y)<0) x=4;
else if(y==0) x=5;
else x=6;
printf("%d,%d",x, z);
if(z=(y==0))
   x=5;
   x=4;
```

```
printf("%d,%d",x,z);
if(x=z=y)x=4;
printf("%d,%d",x,z);
}
```

三、程序设计题

1．从键盘输入三个整数，然后按由小到大输出。

2．已知函数：

$$y=\begin{cases} x & x<1 \\ 2x-1 & 1\leqslant x<10 \\ 3x-11 & x\geqslant 10 \end{cases}$$

求 y 值。

3．某单位马上要加工资，增加金额取决于工龄和现工资两个因素：对于工龄大于等于 20 年的，如果现工资高于 2000，加 200 元，否则加 180 元；对于工龄小于 20 年的，如果现工资高于 1500，加 150 元，否则加 120 元。工龄和现工资从键盘输入，编程求加工资后的员工工资。

4．假设奖金税率如下（a 代表奖金，r 代表税率）

a<500                    r=0%

500≤a<1000               r=5%

1000≤a<2000              r=8%

2000≤a<3000              r=10%

3000≤a                   r=15%

编写一程序使输入一个奖金数，求税率和应缴税款以及实得奖金数（扣除奖金税后）。设 r 代表税率，t 代表税款，b 代表实得奖金数。

# 第 5 章　循环结构

## 5.1　例题解析

【例 1】下面有关 for 语句的说法中，正确的是（　　）。

　　A．任何情况下，for 语句中的三个表达式一个都不能少

　　B．for 语句中的循环体至少会被执行一次

　　C．for 语句只能用于循环次数已经确定的情况下

　　D．for 语句中的循环体可以是复合语句

【解析】for 语句的三个表达式都可以省略，所以 A 错误。执行 for 语句时，如果初始条件不能使第二个表达式的值为真，循环体就不会被执行，所以 B 错误。对于 for 语句，可以在循环体内部修改循环变量，所以 C 适用于循环次数已确定的选项也是错误的。

【答案】D

【例 2】执行下列程序段后的输出是（　　）。

```
x=1;
while(x<=3)  x++,y=(x++)+x;
printf("%d,%d",x,y);
```

　　A．6,10　　　　　　　　B．5,8　　　　　　　C．4,6　　　　　　　D．3,4

　　【解析】我们可以使用逐步记录运行结果的方法来获得输出结果，记录如下：x=1，进入循环，条件满足执行循环体：计算 x++得 x 为 2，计算 y=(x++)+x，得 y 为 4、x 为 3；继续循环，条件满足执行循环体：计算 x++得 x 为 4，计算 y=(x++)+x，得 y 为 8、x 为 5；继续循环，条件不满足退出循环；输出 x 和 y 的值为 5，8。

　　【答案】B

　　【例 3】下列程序段的输出结果是（　　）。

```
for( i=0; i<1;i+=l)
        for( j=2;j> 0;j--)
        printf("*");
```

　　A. **　　　　　　　B. ***　　　　　　　C. ****　　　　　　D. ******

　　【解析】注意每次内层循环仅输出 1 个"*"，所以只要分析出二重循环的总次数即可。首先分析外层循环的次数：控制变量 i 的初值为 0，终值为 0（i<1 相当于 i<=0），步长为 1（i+=l 相当于 i=i+1），所以外层循环次数为 1。再分析内层循环次数：控制变量 j 的初值为 2，终值为 1（j>0 相当于 j>=1），步长为-1(j--)，所以循环体一共执行的次数等于外层循环次数乘以内层循环次数，共计为 1*2=2。

　　【答案】A

　　【例 4】下面程序退出循环后，x 的值为（　　）。

```
int x=20;
do {x/=2;}
while(x--)
```

　　A. 0　　　　　　　　B. 0.375　　　　　　C. -0.625　　　　　D. -1

　　【解析】显然 while(x--)每次执行时是先用 x 的原值进行逻辑真或假的判断，再将 x 的值减去 1，由于 x 是整数变量，因此结束循环时 while(x--)中 x--值为 0，而执行 x--后 x 的值为-1。

　　【答案】D

　　【例 5】下面的程序，描述正确的是（　　）。

```
main()
{
  int  x=3;
  do
  { printf("%d\n",x-=2)
  }while(!(--x);
}
```

　　A. 输出的是 1　　　　　　　　　　　B. 输出的是 1 和-2

　　C. 输出的是 3 和 0　　　　　　　　　D. 是死循环

　　【解析】do…while 语句的执行流程是：先执行循环体，再判断条件，循环控制条件是!(--x)，当且仅当 x=1 时，此表达式的值才为非 0 值，即 x!=1 时，将退出循环。接下来分析程序：x 初值为 3，执行循环体后，输出 x 的值为 1，然后判断循环条件，经上面分析，可知 x=1 时，循环条件成立（此时 x 的值变为 0），继续执行循环，输出 x 的值为-2，判断循环条件为假，退出循环。

　　【答案】B

　　【例 6】求个位数为 7，且能被 3 整除的 6 位数的个数。

```
#include <stdio.h>
main( )
{
long int i;
int  count;
count= (      ①      ) ;
for(i= (    ②   ); i<99999;(    ③   ) )
        if(   ④   ) count++;
printf ("count=%d\n",count);
```

【解析】此题使用的技巧是，注意到所有个位数为 7 的 6 位数的前 5 位的集合是全体的 5 位数，所以建立循环时用每一个 5 位数生成一个对应的个位数字为 7 的 6 位数，刚好是一一映射的关系，比起直接建立考查每一个 6 位数的循环，再在循环体内同时判断个位是否为 7 和是否能被 3 整除两个条件，其效率提高了 10 倍。

【答案】① 0    ② 10000    ③ i++    ④ (i*10+7)%3==0

【例 7】下列程序的主要功能是求出 3 位整数中能被 8 整除余 7，或者被 7 整除余 8 的所有整数。请填写程序中缺少的语句。

```
main()
{ int k=100;
    do if(_____)
                prinif("%d\n",k);
    while(k++<999);
}
```

【解析】本程序的关键是 do-while 循环。控制循环的条件是 x 当前值小于 999。从 k 所赋予的初值看，k 是从 100 开始的，由于控制循环的条件中 k 有一个后缀的++运算，所以，最后一次循环执行时，k 值是 999。这个循环恰好是处理了所有的 3 位整数。循环体中是单分支语句，条件成立时则输出此时的变量 k 值，显然这个条件就是"k 能被 8 整除余 7，或者被 7 整除余 8"，因此可以写出所缺少的条件。

【答案】(k%8==7)||(k%7==8)

【例 8】运行程序段，则以下程序段的输出结果为_____。

```
for(int i=0;i<8;i++)
printf("%d",++i);
printf("%d",i++);
```

【解析】注意此题中的两个 printf 语句，只有前者才是循环体，而后者只在循环结束后才执行一次。printf("%d",++i);是先将 i 自加 1，再打印出 i 的值，而 printf("%d",i++);是先打印出 i 的原值，再将 i 自加 1。相关问题：printf("%d,%d",++i,i++);语句应该如何执行（提示：printf 语句的变量列表中的表达式的执行顺序为从右向左逐一执行）？

【答案】1，3，5，7，8

【例 9】执行下列程序段后的输出是_____。

```
x=0;
while(x<3)
   for(;x<4;x++)
    {printf("%d",x++);
```

```
if( x<3) continue;
else break;
printf("%1d",x);}
```

【解析】我们用执行程序并记录各变量值的方法来获得程序的输出结果，记录如下：x=0；第一次执行 while 循环，条件 x<3 成立，执行 while 的循环体（即 for 循环）；第一次执行 for 循环，条件 x<4 成立，执行 for 的循环体，输出 x 的值为 0，然后 x++，x 值为 1；if-else 的条件 x<3 成立，执行 continue，继续 for 循环，执行 x++， x 为 2；第二次执行 for 循环，条件 x<4 成立，执行 for 的循环体，输出 x 的值为 2，然后 x++，x 值为 3；

if-else 的条件 x<3 不成立，执行 break，退出 for 循环，返回 while 循环；第二次执行 while 循环，条件 x<3 不成立，退出 while 循环，结束程序运行。所以，最终输出结果是两个一位整数 0 和 2。

【答案】  0   2

【例 10】运行下面程序后，输出结果为（    ）。

```
# include<stdio.h>
main( )
{ int  x,y;
for(x=30,y=0; x>=10,y<20;x--,y++)
{x/=2;
y+=2;}
    printf("x=%d, y=%d/n",x,y):
}
```

【解析】需要注意的问题有两点：

逗号表达式 x>=10，y<20 的值，不等价于 x>=10&& y<20，也不等价于 x>=10||y<20，所以此循环应以 y 的值是否满足条件作为循环是否结束的标准；对于整型变量 x，当 x=1 时，x/2=0，可是当 x=-1 时呢？x/2=0 还是 x/2=-1 呢？事实上，x/2=0 正确。

【答案】    x=-1,y=21

## 5.2  练习题

### 一、选择题

1. t 为 int 类型，进入下面的循环之前，t 的初值为 0。

```
While(t==1)
{…}
```

则以下叙述中正确的是（    ）。

    A．循环控制表达式的值为 1        B．循环控制表达式的值为 0

    C．循环表达式不合法             D．以上说法都不对

2. 以下 for 循环是（    ）。

```
for(x=0,y=0;(y!=123)&&(x<4);x++);
```

    A．无限循环              B．循环次数不定

    C．执行 4 次               D．执行 3 次

3. 下面有关 for 循环的正确描述是（    ）。

    A．for 循环只能用于循环次数已经确定的情况

B．for 循环是先执行循环体语句，后判定表达式

C．在 for 循环中，不能用 break 语句跳出循环体

D．for 循环体语句中，可以包含多条语句，但要用花括号括起来

4．对于 for(表达式 1;;表达式 3)可理解为（　　）。

A．for(表达式 1:1;表达式 3)

B．for(表达式 1;1;表达式 3)

C．for(表达式 1;表达式 1;表达式 3)

D．for(表达式 1;表达式 3;表达式 3)

5．C 语言中 while 和 do-while 循环的主要区别是（　　）。

A．do-while 的循环体至少无条件执行一次

B．while 的循环控制条件比 do-while 的循环控制条件严格

C．do-while 允许从外部转到循环体内

D．do-while 的循环体不能是复合语句

6．若有如下语句

```
int x=3; do {printf("%d\n",x-=2);} while(!(--x));
```

则上面程序段（　　）。

A．输出的是 1　　　　　　　　　　　B．输出的是 1 和-2

C．输出的是 3 和 0　　　　　　　　　D．是死循环

7．下面程序段的运行结果是（　　）。

```
x=y=0;
while(x<15) {y++; x+=++y;}
printf("%d,%d",y,x);
```

A．20,7　　　　　　B．6,12　　　　　　C．20,8　　　　　　D．8,20

8．下面程序段的运行结果是（　　）。

```
int n=0;
while(n++<=2);  printf("%d",n);
```

A．2　　　　　　B．3　　　　　　C．4　　　　　　D．有语法错

9．下面程序段的运行结果是（　　）。

```
for(y=1;y<10;) y=((x=3*y,x+1),x-1);
printf("x=%d,y=%d",x,y);
```

A．x=27,y=27　　　B．x=12,y=13　　　C．x=15,y=14　　　D．x=y=27

10．与下面程序段等价的是（　　）。

```
for (n=100;n<=200;n++)
{ if(n%3==0) continue;
  printf("%4d",n);
}
```

A．for(n=100;(n%3)&&n<=200;n++)　　　printf("%4d",n);

B．for(n=100;(n%3)||n<=200;n++)　　　printf("%4d",n);

C．for(n=100;n<=200;n++)　　　if(n%3!=0) printf("%4d",n);

D．for(n=100;n<=200;n++)

{ if(n%3) printf("%4d",n);

```
      else continue;
      break;
   }
```

11. 下面程序的运行结果是（　　）。

```
#include<stdio.h>
main()
  {int num=0;
while(num<=2)
{num++;
printf("%d\n",num);
}
}
```

　A. 1　　　　　　　B. 1 2　　　　　C. 1 2 3　　　　D. 1 2 3 4

12. 下面程序的运行结果是（　　）。

```
#include<stdio.h>
main()
{int i;
   for(i=1;i<=5;i++)
     switch(i%5)
       {case 0:printf("*");break;
        case 1:printf("#");break;
        default:printf("\n");
        case 2:printf("&");
        }
  }
```

　A. #&&&*　　　　B. #&　　　　　C. #　　　　　D. #&
　　&　　　　　　　&　　　　　　&
　　&*　　　　　　&　　　　　　*
　　　　　　　　　&
　　　　　　　　　*

13. 下面程序的运行结果是（　　）。

```
  #include<stdio.h>
  main()
  { int k=0;char c='A';
    do
    { switch(c++)
      case 'A':k++;break;
       case 'B':k--;
       case 'C':k+=2;break;
       case 'D':k=k%2;continue;
       case 'E':k=k*10;break;
       default:k=k/3;
         }
      k++;
```

```
    }while(c<'G');
pfintf("k=%d\n",k);
}
```
　　A. k=3　　　　　　　B. k=4　　　　　　C. k=2　　　　　D. k=0

14. 下面程序的运行结果是（　　）。
```
 main()
 { int i,j,a=0;
 for(i=0;i<2;i++)
{ for (j=0; j<4; j++)
 {if (j%2) break;
 a++;
}
a++;
}
 printf("%d\n",a);
}
```
　　A. 4　　　　　　　　B. 5　　　　　　　C. 6　　　　　D. 7

15. 下面程序的运行结果是（　　）。
```
#include<stdio.h>
main()
{ int a,b;
for (a=1,b=1;a<=100;a++)
{ if(b>=20)  break;
 if(b%3==1)  {b+=3;  continue;}
    b-=5;
   }
printf( "%d\n",a);
}
```
　　A. 7　　　　　　　　B. 8　　　　　　　C. 9　　　　　D. 10

## 二、填空题

1. 若 for 循环用以下形式表示：

for(表达式 1;表达式 2;表达式 3)　　循环体语句

则执行语句 for(i=0;i<3;i++)　 printf("*"); 时，表达式 1 执行＿＿＿＿次，表达式 3 执行＿＿＿＿次。

2. 执行下面程序段后，k 值是＿＿＿＿。
```
k=1;n=263;
do{k*=n%10; n/=10 }  while(n);
```

3. 下面程序段的运行结果是＿＿＿＿。
```
for(a=1,i=-1;-1<=i<1;i++)
{a++; printf("%2d",a);}
printf("%2d",i);
```

4. 下列程序运行后的输出结果是＿＿＿＿。
```
#include<stdio.h>
main()
```

```
{int s=0,k;
for(k=7;k>=0;k--)
{
switch(k)
{
case 1:
case 4:
case 7:
  s++;
  break;
case 2:
case 3:
case 6:
  break;
case 0:
case 5:
  s+=2;
  break;
}
}
printf("s=%d\n",s);
}
```

5. 下面程序的功能是计算 1-3+5-7+……-99+101 的值，请填空。

```
#include<stdio.h>
main()
{ int i,t=1,s=0;
 for(i=1;i<101;i+=2)
{t=t*i;s=s+t;_____;}
 printf("%d\n",s);
}
```

6. 下面程序的功能是从键盘输入的一组字符中统计出大写字母的个数 m 和小写字母的个数 n，并输出 m，n 中的较大数，请填空。

```
#include<stdio.h>
main()
{int m=0,n=0;
char c;
while((c=getchar())!='\n')
{
if(c>='A'&&c<='Z') m++;
if(c>='a'&&c<='z') n++;
}
printf("%d\n",_____);
}
```

7. 下面程序的功能是从键盘输入的一批正整数中求出最大者，输入 0 结束循环。

```
#include<stdio.h>
main()
```

```
{int a,max=0;
scanf("%d",&a);
while( _____ )
{if(max<a)max=a;
scanf("%d",&a);
}
printf("%d",max);
}
```

8. 下面程序的功能是计算正整数 2345 的各位数字平方和，请填空。

```
#include <stdio.h>
main()
{ int n,sum=0; n=2345;
do
 {sum=sum+ _____ ;
n=n/10;
}while(n);
printf("sum=%d",sum);
}
```

9. 有一堆零件（100 到 200 之间），如果分成 4 个零件一组的若干组，则多两个零件；若分成 7 个零件一组，则多三个零件；若分成 9 个零件一组，则多 5 个零件。下面程序是求这堆零件的总数，请填空。

```
#include<stdio.h>
main()
 {int i;
   for(i=100;i<200;i++)
   _____ ;
   printf("%d",i);
}
```

10. 下面程序的功能是利用"辗转相除法"求两个正整数的最大公约数。请填空。

```
#include<stdio.h>
main( )
 {int r,m,n;
   scanf("%d%d",&m,&n);
   if (m<n)
{r=m,m=n,n=r};
   r=m%n;
   while( _____ )
{m=n; n=r;}
   printf("%d\n",n);
  }
```

三、程序设计题

1. 一个数如果恰好等于它的因子之和，这个数就称为完数。求 100～1000 之内的所有完数。

2. 编程：求 1！+2！+3！+4！+5！+6！+7！+8！+9！+10！。

3. 百元买百鸡问题。设有 1 百元钱，需购买 1 百只鸡，其中：公鸡 5 元一只，母鸡 3 元 1 只，小鸡 1 元 3 只，试问有几种购买方式。

4. 用牛顿迭代法求方程 $2X^3-4X^2+3X-6=0$ 在 1.5 附近的根。

# 第 6 章 数组

## 6.1 例题解析

【例 1】下列程序运行结果是（    ）。
```
main()
{int z,y[3]={2,3,4};y[y[2]]=10;
   printf("%d",z);
}
```
    A. 10                        B. 2

    C. 3                        D. 运行时出错，得不到值

【解析】由于元素 y[2] 的值是 4，所以 y[y[2]] 相当于 y[4]，数组合法下标为 0、1、2，所以访问 y[4] 实际出现下标越界，所以运行出错。

【答案】D

【例 2】若有定义"char s []="good";char t[]={'g','o','o','d'};"，下列叙述正确的是（    ）。

    A. s 和 t 完全相同               B. 数组 s 比 t 短

    C. 数组 s 与 t 长度相同           D. 数组 s 比 t 长

【解析】本题给出两种初始化字符数组的方式，两者产生的结果不一样，s 赋予了整个字符串，长度为 5，其中包括字符串结束符'\0'。t 被逐个元素赋值，数组的长度是 4。

【答案】D

【例 3】以下程序输出结果是（    ）。
```
Main()
{char ch[3][5]={"AAA","BBB","CC"}
printf("\"%s",ch[1]);
}
```
    A. "AAAA"       B. "BBB"       C. "BBBCC"     D. "CC"

【解析】本题是二维数组初始化和按行进行操作。二维数组每行可以当作一个一维数组来处理。初始化时，按行赋值，将"AAA"赋给了 ch[0]，将"BBB"赋给了 ch[1]，将"CC"赋给了 ch[2]，输出也可按行进行，输出 ch[1] 的内容，并且要将两个转义字符"\""输出，所以输出结果是"BBB"。

【答案】B

【例 4】下列选项中正确的语句组是（    ）。

    A. char s[8];     s={"hunangongxueyuan"};

    B. char *s     s={"hunangongxueyuan"};

    C. char s[8];     s="hunangongxueyuan";

    D. char *s     s="hunangongxueyuan";

【解析】数组名 s 代表数组的首地址是一个常量，不能通过赋值来改变，所以答案 A 和 C 不正确。答案 B 中是指针，不是数组，不需要使用花括号。

【答案】D

【例5】用筛选法求 100 以内的素数。

【解析】筛选法求素数的基本思路是：判断 100 之内的每一个数，逐个找出非素数并把它去除，最后剩下的全部是素数。

具体做法：

（1）先去除 1。

（2）用 2、3、4、……、100 作为除数，去除该数以后的所有数，把该除数的倍数标注为 0，表示该数已从数组中被去除。

（3）循环结束，数组中保留的即为 100 之内的素数。

源程序如下：

```c
main()
{int i,j,a[100],n=0;
 for(i=2;i<100;i++)
   a[i]=i;
 for(i=2;i<100;i++)
   for(j=i+1;j<100;j++)
     if(a[i]!=0 && a[j]!=0)
       if(a[j]%a[i]==0)
       a[j]=0;
 for(i=2;i<100;i++)
   if(a[i]!=0)
     {printf("%4d",a[i]);
      n++;
      if(n%10==0)
      printf("\n");
     }
}
```

运行结果如下：

## 6.2 练习题

### 一、选择题

1. 若有定义："int aa[8]"，则对数组元素的正确引用是（   ）。

    A．aa[8]        B．aa[1.2]        C．aa[8-7]        D．aa(1.2)

2. 若有定义"int a[][3]={1,2,3,4,5,6,7,8};"则 a[1][2]的值是（   ）。

    A．4              B．5              C．6              D．7

3. 若有定义"char s[20]="fg\th";"，则 strlen(s)的值是（   ）。

　　A. 5　　　　　　　B. 20　　　　　　C. 4　　　　　　D. 6

4. 以下程序输出结果是（　　）。

```
main()
{int  i,a[10];
for(i=9; i>=0; i--)
  a[i]=10-i;
printf("%d%d%d",a[2],a[5],a[8]);
}
```

　　A: 258　　　　　　B. 741　　　　　　C. 852　　　　　　D. 369

5. 以下对二维整形数组 a 进行正确初始化的语句是（　　）。

　　A. int a[2][]={{1,01},{5,2,3}};

　　B. int a[][3]={{1,2,3},{4,5,6}};

　　C. int a[2][3]={{1,2,3},{4,5},{6}};

　　D. int a[][3]={{1,0,1},{},{1,1}};

6. 若有说明：int  a[3][4]={0};则下面正确的叙述是（　　）。

　　A. 只有元素 a[0][0]可得到初值 0

　　B. 此说明语句不正确

　　C. 数组 a 中各元素都可得到初值，但其值不一定为 0

　　D. 数组 a 中每个元素均可得到初值 0

7. 对以下说明语句的正确理解是（　　）。

```
int a[10]={6,7,8,9,10};
```

　　A. 将 5 个初值依次赋给 a[1]至 a[5]

　　B. 将 5 个初值依次赋给 a[0]至 a[4]

　　C. 将 5 个初值依次赋给 a[6]至 a[10]

　　D. 因为数组长度与初值的个数不同，所以此语句不正确

8. 定义如下变量和数组：

```
int k;
int a[3][3]={1,2,3,4,5,6,7,8,9};
```

则下面语句的输出结果是（　　）。

```
for (k=0;k<3;k++)
  printf("%d",a[k][2-k]);
```

　　A. 3 5 7　　　　　　B. 3 6 9　　　　　　C. 1 5 9　　　　　　D. 1 4 7

9. 若有以下程序段：

　　…………

```
int a[]={4,0,2,3,1},I,j,t;
for(I=1;I<5;I++)
{t=a[I];j=I-1;
while(j>=0&&t>a[j])
{a[j+I]=a[j];j--;}
a[j+1]=t;}
```

　　…………

则该程序段的功能是（　　）。

A．对数组 a 进行插入排序（升序）    B．对数组 a 进行插入排序（降序）

C．对数组 a 进行选择排序（升序）    D．对数组 a 进行选择排序（降序）

10．以下正确的定义语句是（    ）。

    A．int a[1][4]={1,2,3,4,5};    B．float x[3][]={{1},{2},{3}};

    C．long b[2][3]={{1},{1,2},{1,2,3}};    D．double y[][3]={0};

11．下面程序的运行结果是（    ）。

```
main()
{int a[6][6].i.j;
for(i=1;i<6;i++)
for(j=1;j<6;j++)
a[i][j]=(i/j)*(j/i);
for(i=1;i<6;i++)
{for(j=1;j<6;j++)
printf("%2d",a[i][j]);
printf("\n";)
}
}
```

    A．1 1 1 1 1                      B．0 0 0 0 1

        1 1 1 1 1                         0 0 0 1 0

        1 1 1 1 1                         0 0 1 0 0

        1 1 1 1 1                         0 1 0 0 0

        1 1 1 1 1                         1 0 0 0 0

    C．1 0 0 0 0                      D．1 0 0 0 1

        0 1 0 0 0                         0 1 0 1 0

        0 0 1 0 0                         0 0 1 0 0

        0 0 0 1 0                         0 1 0 1 0

        0 0 0 0 1                         1 0 0 0 1

12．下面程序的运行结果是（    ）。

```
main()
{int a[6],i;
for(i=1;i<6;i++)
{a[i]=9*(i-2+4*(i>3))%5;
printf("%2d",a[i]);
}
}
```

    A．-4 0 4 0 4     B．-4 0 4 0 3     C．-4 0 4 4 3     D．-4 0 4 4 0

## 二、填空题

1．下面程序将十进制整数转换成 n 进制。请填空。

```
main ( )
{ int  i=0,base,n,j,num[20];
printf("Enter data that will be converted \n");
scanf("%d", &n ) ;
```

```
printf("Enter  base \n");
scanf("%d", &base ) ;
do
{i++ ;
num[i]= n  ①  base ;
n=n  ②  base ;
}while ( n != 0 ) ;
printf ("The data %d has been converted into the %d-- base data : \n ", n ,
base ) ;
for (  ③  )
 {if(num[j]>=10)
 {printf("%c",'A'+(num[j]-10));}
 else
 {printf("%d",num[j] ) ;}
 }
}
```

2．下面程序的功能是统计年龄在 16～31 岁之间的学生人数。请填空。

```
main()
{int a[30],n,age,i;
for(i=0;i<30;i++)
a[i]=0;
printf("Enter the number of the students(<30)\n");
scanf("%d",&n);
printf("Enter the age of each student:\n");
for(i=0;i<n;i++)
{scanf("%d",&age);
  ①  ;
}
printf("the result is\n");
printf("age  number\n");
for(  ②  ;i++)
printf("%3d  %6d\n",i,a[i-16]);
}
```

3．下面程序中的数组 a 包括 10 个整数元素，从 a 中第二个元素起，分别将后项减前项之差存入数组 b，并按每行 3 个元素输出数组 b。请填空。

```
main()
{int a[10],b[10],i;
for(i=0;;i++)
scanf("%d",&a[i]);
for(i=1;  ①  ;i++)
b[i]=a[i]-a[i-1];
for(i=1;i<10;i++)
{printf("%3d",b[1]);
if(  ②  )
printf("\n");
```

```
}
}
```

4．下面程序的功能是将字符数组 a[6]={'a', b','c','d','e','f'}变为 a[6]={'f','a','b','c','d','e'}，请填空：

```
#include<stdio.h>
main()
{   char t,a[6]={'a','b','c','d','e','f'};
int i;
   ①   ;
for(i=5;i>0;i--)
    ②   ;
a[0]=t;
for(i=0;i<=5; i++)
    printf("%c", a[i]) ;
}
```

5．设数组 a 中的元素均为正数，以下程序是求 a 中偶数的个数和偶数的平均值。请填空。

```
main()
{int a[10]={1,2,3,4,5,6,7,8,9,10};
int k,s,i;
float ave;
for(k=s=i=0;i<10;i++)
    {if(a[i]%2!=0)
        ①   ;
    s+=[a[i]];
    k++;
}
if(k!=0)
{   ②   ;
 printf("%d,%f\n",k,ave);
}
}
```

### 三、程序设计题

1．求矩阵下三角形元素之和。

2．青年歌手参加歌曲大奖赛，有 10 个评委对她进行打分，试编程求这位选手的平均得分（去掉一个最高分和一个最低分）。

3．回文是从前向后和从后向前读起来都一样的句子。写一个函数，判断一个字符串是否为回文，注意处理字符串中有中文也有西文的情况。

# 第 7 章　函数与变量作用域

## 7.1　例题解析

【例 1】以下叙述正确的是（　　）。

A. 全局变量的作用域一定比局部变量的作用域范围大

B. 静态类别变量的生存期贯穿于整个程序运行期间

C. 函数的形式参数都属于全局变量

D. 未在定义语句中赋值的 auto 变量和 static 变量的初值是随机的

【解析】本题考查的是作用域。若函数内的局部变量与全局变量同名，全局变量在函数体内不起作用，所以全局变量的作用域不一定比局部变量的作用域范围大，答案 A 错误。函数形参是在函数被调用时分配的，函数退出时回收，所以函数的形参属于局部变量，答案 C 错误。未赋值的 auto 变量值是随机的，但未赋值的 static 变量初值是 0，答案 D 也不正确。

【答案】B

【例 2】有以下程序：

```
int f1(int x,int y)
{return x>y?x:y;}
int f2(int x,int y)
{return x>y?y:x;}
main()
{ int a=4,b=3,c=5,d,e,f;
  d=f1(a,b);d=f1(d,c);
  e=f2(a,b);e=f2(e,c);
  f=a+b+c-d-e;
  printf("%d,%d,%d\n",d,f,e);
}
```

执行后输出结果是（　）。

A. 3,4,5　　　　　B. 5,3,4　　　　　C. 5,4,3　　　　　D. 3,5,4

【解析】本题考查函数调用。f1()函数的功能是返回两个参数中较大值，f2()函数的功能是返回两个参数中的较小值。主函数中的语句 "d=f1(a,b);d=f1(d,c);" 的作用是调用两次 f1()，将 a、b、c 中的最大值返回给 d，所以 d 的返回值是 5。语句 "e=f2(a,b);e=f2(e,c);" 的作用是调用两次 f2()，将 a、b、c 中的最小值返回给 e，所以 e 的返回值为 3，由此得 f 的值为 4。

【答案】C

【例 3】有如下函数调用语句：

```
func(rec1,rec2+rec3,(rec4,rec5));
```

该函数调用语句中，含有实参个数是（　　　）。

A. 3　　　　　　　B. 4　　　　　　　C. 5　　　　　　　D. 有语法错误

【解析】本题考查函数的参数和逗号表达式的应用。C 程序中函数的参数可以是变量或表达式。在本题中 rec1 是变量，可作为函数的一个参数；算数表达式可作为一个参数；（rec4，rec5）并不表示函数的两个参数，而是一个逗号表达式，只能作为函数的一个参数，所以函数的实参为 3。

【答案】A

【例 4】以下程序输出结果是（　　　）。

```
void fun()
{static int a=0;
a+=2;printf("%d",a);
```

```
}
main()
{int cc;
 for(cc=1;cc<4;cc++)
    fun();
printf("\n");
 }
```

**【解析】**本题考查静态变量的使用及函数的多次调用。在 fun()函数中定义了一个静态局部变量 a。静态局部变量的特点是：它存储在静态存储区中，函数返回时静态变量所占的内存不会被释放，变量的值仍被保留。如果再次调用这个函数时，变量中保存的值可被再次使用，并且静态局部变量的初值为 0。fun()函数被调用 3 次，第一次调用，a 的值由 0 变为 2，输出值为 2，函数调用返回，但 a 所占的内存没有被回收；第二次调用，a 的值由 2 变为 4，输出值为 4；第三次调用，a 的值由 4 变为 6，输出值为 6。

**【答案】**246

**【例 5】**写一个函数，输入一个 4 位数，要求输出这 4 个数字字符，但每两数字之间有一个空格。如输入 1990，应输出"1 9 9 0"。

**【解析】**主函数输入 4 位数后传递给 fun 函数，fun 函数的作用是将各位上的数码分离出来，并转换为相应字符的 ASCII 码，存放在字符数组中，最后将字符数组的字符依次输出。

编写源程序如下：

```
fun(int a)
{int i=0;
char c[4];
c[0]=a/1000+48;
c[1]=a%1000/100+48;
c[2]=a%100/10+48;
c[3]=a%10+48;
printf(" The result is:\n");
for(;i<4;i++)
  printf("%c ",c[i]);

}
main()
{
  int a;
  printf("Input the data:");
  scanf("%d",&a);
  if(a>=10000|| a<=999)
  {printf("error data!");
  exit(0);
  }
  fun(a);
}
```

运行结果：

### 7.2 练习题

**一、选择题**

1．以下叙述正确的是（　　）
   A．函数定义可以嵌套，函数调用也可以嵌套
   B．函数定义不可以嵌套，函数调用可以嵌套
   C．函数定义不可嵌套，函数调用也不可以嵌套
   D．函数定义可以嵌套，函数调用也可以嵌套

2．C语言中函数返回值类型由（　　）决定。
   A．return 语句后的表达式类型
   B．定义函数时所指明的返回值类型
   C．实参类型
   D．调用函数类型

3．如果在一个函数的复合语句中定义了一个变量，以下说法正确的是（　　）。
   A．该变量只在该复合语句中有效
   B．在该函数中有效
   C．在本程序范围内均有效
   D．非法变量

4．在一个C源程序文件中，若要定义一个只允许本源文件中所有函数使用的全局变量，则该变量需要使用的存储类别是(　)。
   A．extern
   B．register
   C．auto
   D．static

5．若函数形参为没有指定大小的一维数组，函数实参为一维数组名，则传递给函数的是（　　）。
   A．实参数组大小
   B．形参数组大小
   C．实参数组首地址
   D．实参数组元素的值

6．有函数定义 f(int a,float b){ ……},则以下对函数 f 的函数原型说明不正确的是(　)。
   A．f(int a,float b)
   B．f(int ,float)
   C．f(int s,float y)
   D．f(int s,float)

7．若使用一维数组名作函数实参，则以下说法正确的是（　　）。
   A．必须在主调函数中说明此数组的大小
   B．实参数组类型与形参数组类型可以不匹配
   C．在被调函数中，不需要考虑形参数组的大小
   D．实参数组名与形参数组名必须一致

8．以下程序的正确运行结果是（　　）。

```
#include <stdio.h>
```

```
void num()
{extern int x,y;int a=15,b=10;
  x=a-b;
  y=a+b;
}
int x,y;
main()
{ int a=7,b=5;
  x=a+b;
  y=a-b;
  num();
  printf("%d,%d\n",x,y);
}
```

   A. 12,2          B. 不确定

   C. 5,25          D. 1,12

9. 以下程序的正确运行结果是（   ）。

```
main()
{int a=2,I;
for (I=0;I<3;I++)
printf("4%d",f(a));
}
f(int a)
{ int b=0;
  static int c=3;
  b++; c++;
  return(a+b+c);
}
```

   A. 7  7  7        B. 7   10 13

   C. 7  9  11       D. 7  8  9

10. 以下程序的正确运行结果是（   ）。

```
#include<stdio.h>
main()
{ int k=4,m=1,p;
 p=func(k,m);printf("%d,",p);
 p=func(k,m);printf("%d\n",p);
}

func(int a,int b)
{ static int m=0,i=2;
  i+=m+1;
  m=i+a+b;
  return(m);
}
```

   A. 8,17    B. 8,16    C. 8,20    D. 8,8

二、填空题

1．C 语言函数参数传递方式有＿＿①＿＿和＿＿②＿＿。

2．在 C 语言中，一个函数一般由两个部分组成，它们是＿＿①＿＿和＿＿②＿＿。

3．以下程序的运行结果是＿＿＿＿＿。

```c
#include <stdio.h>
main()
{ int a=1,b=2,c;
 c=max(a,b);
 printf("max is %d\n",c);
}

max(int x, int y)
{ int z;
z=(x>y)? x:y;
return(z);
}
```

4．以下程序的功能是根据输入的"y"（"Y"）与 "n"（"N"），在屏幕上分别显示出"This is YES."与 "This is NO."。请填空。

```c
#include <stdio.h>
void YesNo(char ch)
{ switch(ch)
   { case'y':
     case'Y':printf("\nThis is YES.\n");___②___;
     case'n':
     case'N': printf("\nThis is NO.\n")
   }
}

main()
{char ch;
 printf("\nEnter a char 'y','Y',or'n','N'");
 ch=___①___;
 printf("ch:%c",ch);
 YesNo(ch);
}
```

5．以下 Check 函数的功能是对 value 中的值进行四舍五入计算，若计算后的值与 ponse 值相等，则显示"WELL DONE!!"，否则显示计算后的值。已有函数调用语句 Check（ponse,value），请填空。

```c
Void Check(int ponse,float value)
{int val;
  val=___①___;
  printf("计算后的值：%d",val);
  if(___②___) printf("\n WELL DONE!!!\n");
  else printf("\nSorry the correct is %d\n",val);
}
```

6. 已有函数 pow，现要求取消变量 i 后 pow 函数的功能不变。请填空。

修改前的 pow 函数 pow(int x,int y)

```
{int i,j=1;
   for(i=1;i<=y:++i)
       j=j*x;
   return(j);
}
```

修改后的 pow 函数 pow(int x,int y)

```
{int j;
for(    ①    ;    ②    ;    ③    )
   j=j*x;
return(j);
}
```

三、程序设计题

1. 写一个判断素数的函数，在主函数中输入一个数，输出是否是素数的消息。

2. 写一个函数，使输入的一个字符串反序存放，在主函数中输入输出字符串。

3. 写一个函数，使一个二维数组（3*3）转置。

# 第 8 章　　编译预处理

## 8.1　例题解析

**【例 1】** 以下程序的输出结果是（　　　）。

```
#define MCRA(m)    2*m
#define MCRB(n,m)   2*MCRA(n)+m
   main()
    {int i=2;j=3;
     printf("%d\n",MCRB(j,MCRA(i)));
}
```

**【解析】** 本题考查带参宏定义及宏的嵌套使用。在进行宏替换时，首先将 "MCRA(i)" 替换为 "2*i"，然后将 "MCRB(j,2*i)" 替换为 "2*2*j+2*i"，最终输出结果为 16。

**【答案】** 16

**【例 2】** 下列程序执行后输出结果是（　）。

```
#define MA(x)  x*(x-1)
main()
{int a=1,b=2;printf("%d\n",MA(1+a+b));}
```

　　A. 6　　　　　　　　B. 8　　　　　　　C. 10　　　　　　　D. 12

**【解析】** 本题考查带参宏替换。替换过程是：先使用实参 "1+a+b" 替换宏定义的形参 x，即变为 "1+a+b*(1+a+b-1)"，再用它替换 MA(1+a+b)，计算结果为 8。

**【答案】** B

**【例 3】** 下列程序运行结果是（　　　）。

```
#define   N   n
```

```
main()
{ char a=N;printf("%d",a);}
```
　　A．n　　　　　　　B．N　　　　　C．语法错误　　　D．不确定

【解析】宏替换后，语句"char a=N;"变为"char a=n;"。这样一条语句在语法上是不正确，所以编译不成功。

【答案】C

【例4】程序中头文件 type1.h 内容是：
```
#define  N   5;
#define  M1  N*3
```
程序如下：
```
#include "type1.h"
#define  M2  N*2
main()
{int i;i=M1+M2;printf("%d\n",i);
}
```
程序编译后运行输出结果是（　　）。

　　A．10　　　　　　　B．20　　　　　C．25　　　　　　D．30

【解析】本题考查文件包含及宏替换。在预处理时，用 type1.h 文件中内容去替换"#include "type1.h""行，然后进行宏替换，"M1+M2"被替换为"5*3+5*2"，结果是25。

【答案】C

## 8.2　练习题

一、选择题

1. 以下叙述中不正确的是（　　）。
　　A．预处理命令行都必须以"#"号开始
　　B．在程序中凡是以"#"号开始的语句行都是预处理命令行
　　C．C程序在执行过程中对预处理命令行进行处理
　　D．以下是正确的宏定义
```
#define   IBM-PC
```

2. C语言的编译系统对宏命令的处理是（　　）。
　　A．在程序运行时进行的
　　B．在程序连接时进行的
　　C．和C程序中的其他语句同时进行编译的
　　D．和源程序中的其他语句同时进行编译的

3. 以下在任何情况下计算平方数时都不会引起二义性的宏定义是（　　）。
　　A．#define POWER(x)x*x
　　B．#define POWER(x)(x)*(x)
　　C．#define POWER(x)(x*x)
　　D．#define POWER(x)((x)*(x))

4. C语言提供的预处理功能包括条件编译，其基本形式为：

```
#XXX 标识符
程序段 1
#else
程序段 2
#endif
```

这里 XXX 可以是（    ）。

A．define 或 include

B．ifdef 或 include

C．ifdef 或 ifndef 或 define

D．ifdef 或 ifndef 或 if

5．以下程序输出结果是（    ）。

```
#define M(x,y,z)    x*y*z
main()
{int a=1,b=2,c=3;
 printf("%d\n",M(a+b,b+c,c+a));
}
```

A．19           B．17           C．15           D．12

6．请读程序：

```
#define ADD(x)   x+x
main()
{
int m=1,n=2,k=3;
int sum=ADD(m+n)*k;
printf("sum=%d",sum);
}
```

上面程序的运行结果是（    ）。

A．sum=9        B．sum=10       C．sum=12        D．sum=18

7．以下程序的运行结果是（    ）。

```
#define MIN(x,y)    (x)<(y)?(x):(y)
main()
{int i=10,j=15,k;
k=10*MIN(i,j);
printf("%d\n",k);
}
```

A．10           B．15           C．100           D．150

8．若有宏定义如下：

```
        #define   X    5
        #define   Y    X+1
        #define   Z    Y*X/2
```

则执行以下 printf 语句后,输出结果是（    ）。

```
        int a;a=Y;
        printf("%d\n",Z);
        printf("%d\n",--a);
```

A．7           B．12           C．12           D．7

　6           　6           　5           　5

9. 对下面程序段

```
#define  A  3
#define  B(a)  ((A+1)*a)
x=3*(A+B(7));
```

正确的判断是（　　）。

    A. 程序错误，不允许嵌套宏定义

    B. x=93

    C. x=21

    D. 程序错误，宏定义不允许有参数

10. 请读程序

```
#define LETTER 0
main()
{char str[20]="C Language",c;
int i;
i=0;
while((c=str[i]!='\0')
{i++;
#if LETTER
if(c>='a'&&c<='Z')
c=c-32;
#else
if(c>='A'&&c<='Z')
c=c+32;
#endif
printf("%c",c);
}
}
```

上面程序的运行结果是（　　）。

    A. C Language               B. c language

    C. C LANGUAGE         D. c LANGUAGE

二、填空题

1. 设有以下宏定义：#define WIDTH 80

                        #define LENGTH WIDTH+40

则执行赋值语句：v =LENGTH*20;（v 为 int 型变量）后，v 的值是_____。

2. 下面程序运行结果是_____。

```
#define  DOUBLE(r)  r*r
main()
{int x=1,y=2,t;
 t=DOUBLE(x+y);
 printf("%d\n",t);
}
```

3. 下面程序的运行结果是_____。

```
#define MUL(z)  (z)*(z)
```

```
main()
{
printf("%d\n",MUL(1+2)+3);
}
```

4．下面程序的运行结果是_____。

```
#define  POWER(x)  ((x)*(x))
main()
{ int i=1;
  while(i<=4)printf("%d\t",POWER(i++));
  printf("\n");
}
```

5．下面程序的运行结果是_____。

```
#define  MAX(a,b,c)    ((a)>(b)? ((a)>(c)? (a):(c) ):((b)>(c)?(b):(c)))
main()
{int x,y,z;
  x =1; y=2; z=3;
  printf("%d,",MAX(x,y,z));
  printf("%d,",MAX(x+y,y, y+x));
  printf("%d,n",MAX(x,y+z,z));
  }
```

6．设有以下宏定义：

```
#define MYSWAP(z,x,y)  {z=x;x=y;y=z;}
```

以下程序段通过宏调用实现变量 a，b 内容的交换，请填空。

```
float  a=5,b=16,c;
MYSWAP(_____,a,b)
```

# 第 9 章　指针

## 9.1　例题解析

【例 1】对于类型相同的指针变量，不能进行哪种运算？

    A．+                   B．--                  C．=              D==

【解析】当类型相同的两个指针变量进行运算时，加法运算并无实际意义。故选 A。

【例 2】设有下面的语句和说明，则下列叙述正确的是_____。

```
char s[]="china"; char *p;p=s;
```

    A．s 和 p 完全相同

    B．数组 s 中的内容和指针变量 p 中的内容相同

    C．s 数组长度和 p 所指向的字符串长度相同

    D．*p 和 s[0]相同

【答案】D

【例 3】若已定义 char s[10];则下列表达式中不能表示 s[1]的地址的是_____。

    A．s+1                B．S++                C．&s[0]+1          D．&s[1]

【答案】B

【例4】下面说明不正确的是_____。

 A．char a[10]="china"  B．char a[10],*p=a;p="china";

 C．char *a;a="china";  D．char a[10],*p;p=a="china";

【答案】D

【例5】若有以下定义，则对 a 数组元素的正确引用是_____。

```
int a[5],*p=a;
```

 A．*&a[5]  B．a+2  C．*(p+5)  D．*(a+2)

【答案】D

【例6】若有以下定义，则*(p+5)表示_____。

```
int a[10],*p=a;
```

 A．元素 a[5]的地址  B．元素 a[5]的值

 C．元素 a[6]的地址  D．元素 a[6]的值

【答案】B

【例7】若有以下定义，则 p+5 表示_____。

```
int a[10],*p=a;
```

 A．元素 a[5]的地址  B．元素 a[5]的值

 C．元素 a[6]的地址  D．元素 a[6]的值

【答案】A

【例8】设有以下程序段：

```
char str[4][10]={"first","second","third","fouth"},*strp[4];
int n;
for(n=0;n<4;n++) strp[n]=str[n];
```

若 k 为 int 型变量且 0<=k<4，则对字符串的不正确引用的是_____。

 A．strp  B．str[k]  C．strp[k]  D．*strp

【答案】A

【例9】若有函数 max(a,b)，并且已使函数指针变量 p 指向函数 max，当调用该函数时。正确的调用方法是_____。

 A．(*p)max(a,b)  B．*pmax(a,b)  C．(*p)(a,b)  D．*p(a,b)

【答案】C

【例10】若已定义 int (*p)();指针 p 可以_____。

 A．代表函数的返回值  B．指向函数的入口地址

 C．表示函数的类型  D．表示函数返回值的类型

【答案】B

## 9.2 练习题

### 一、选择题

1. 以下程序有错，错误的原因是（　　）。

```
main()
{int *p,i;char *q,ch;
```

```
    p=&i;
    q=&ch;
    *p=40;
    *p=*q;
...
}
```

    A．p 和 q 的类型不一致，不能执行*p=*q;语句

    B．*p 中存放的是地址值，因此不能执行*p=40;语句

    C．q 没有指向具体的存储单元，所以*q 没有实际意义

    D．q 虽然指向了具体的存储单元，但该单元中没有确定的值，所以不能执行*p=*q;语句

2．已有定义 int k=2;int *ptr1,*ptr2;且 ptr1 和 ptr2 均已指向变量 k，下面不能正确执行的赋值语句是（    ）。

    A．k=*ptr1+*ptr2;                        B．ptr2=k;

    C．p1=*p2;                                  D．*p1=p2;

3．变量的指针，其含义是指该变量的（    ）。

    A．值                 B．地址             C．名               D．一个标志

4．若已定义 int a=5;下面对①、②两个语句的正确解释是（    ）。

         ①int *p=&a;      ②*p=a;

A．语句①和②中的 *p 含义相同，都表示给指针变量 p 赋值

B．①和②语句的执行结果，都是把变量 a 的地址值赋给指针变量 p

C．①在对 p 进行说明的同时进行初始化，使 p 指向 a；②将变量 a 的值赋给指针变量 p

D．①在对 p 进行说明的同时进行初始化，使 p 指向 a；②将变量 a 的值赋于*p

5．若有语句 int *point,a=4;和 point=&a;下面均代表地址的一组选项是（    ）。

    A．a,point,*&a                       B．&a,&a,* point

    C．*&point,*point,&a               D．&a,&*point,point

6．以下程序输出的结果是（    ）。

```
void main()
{  int a=5,*p1,**p2;
   p1=&a,p2=&p1;
   (*p1)++;
   printf("%d\n",**p2);
}
```

    A．5                 B．4                C．6              D．不确定

7．若有说明：int *p,m=5,n;以下正确的程序段是（    ）。

    A．p=&n;                            B．p=&n;

       scanf("%d",&p);                   scanf("%d",*p);

    C．scanf("%d",&n);                 D．p=&n;

       *p=n;                               *p=m

8．若有说明：int *p1,*p2,m=5,n;以下均是正确赋值语句的选项是（    ）。

    A．p1=&m;p2=&p1;                  B．p1=&m;p2=&n;*p1=*p2;

    C．p1=&m;p2=p1                     D．p1=&m;*p2=*p1;

9. 已有变量定义和函数调用语句：int a=25; print_value(&a);下面函数的正确输出结果是（    ）。

```
void print_value(int *t)
{ print("%d\n",++*x);}
```
  A．23     B．24     C．25     D．26

10. 下面判断正确的是（    ）。

  A．char * a="china";等价于 char *a;*a="china";

  B．char str[10]={ "china"};等价于 char str[10];str[]={"china"};

  C．char *s="china"; 等价于 char *s; s="china";

  D．char c[4]= "abc",d[4]= "abc"; 等价于 char c[4]=d[4]= "abc";

11. 设 char *s="\ta\017bc"; 则指针变量 s 指向的字符串所占的字节数是（    ）。

  A．9     B．5     C．6     D．7

12. 下面程序段中，for 循环的执行次数是（    ）。

```
char *s="\ta\018bc";
for ( ;*s! ='\0';s++)     printf("*");
```
  A．9     B．5     C．6     D．7

13. 下面能正确进行字符串赋值操作的是（    ）。

  A．char s[5]={"ABCDE"};     B．char s[5]={'A', B','C','D','E'};

  C．char *s; s="ABCDE";     D．char *s; scanf("%s",s);

14. 下面程序段的运行结果是（    ）。

```
char *s="abcde";
s+=2; printf("%d",s);
```
  A．cde          B．字符'c'

  C．字符'c'的地址       D．无确定的输出结果

15. 设 p1 和 p2 是指向同一个字符串的指针变量，c 为字符变量，则以下不能正确执行的赋值语句是（    ）。

  A．c=*p1+p2;  B．p2=c    C．p1=p2   D．c=*p1*(*p2);

16. 设有下面的程序段：

```
char s[]="china"; char *p; p=s;
```
则下列叙述正确的是（    ）。

  A．s 和 p 完全相同

  B．数组 s 中的内容和指针变量 p 中的内容相等

  C．s 数组长度和 p 所指向的字符串长度相等

  D．*p 与 s[0]相等

二、填空题

1. 与 int *q[5];等价的定义语句是_____。

2. 下面程序段的运行结果是_____。

```
char s[20]="abcd";
char *p=s;
p++;
```

```
puts(strcat(p,"ABCD"));
```
3．下面程序段的运行结果是_____。
```
char str[]="abc\0def\0gji",*p=str;
printf("%s",p+5);
```
4．下面程序段中，for 循环的执行次数是_____。
```
char *s="\ta\018bc";
for ( ; *s! ='\0';s++) printf("*");
```
5．下面程序的输出是_____。
```
main()
{int a[]={2,4,6},*ptr=&a[0],x=8,y,z;
 for(y=0;y<3;y++)
 z=(*ptr+y)<x?*(ptr+y):x;
 printf("%d\n",z);
```

6．以下程序能找出数组 x 中的最大值和该值所在的元素下标，该数组元素从键盘输入。请选择填空。
```
main()
{int x[10], *p1, *p2,k;
  for(k=0;k<10;k++)
  scanf("%d",x+k);
  for(p1=x,p2=x;p1-x<10;p1++)
    if(*p1>*p2)  p2=___①___;
  printf("MAX=%d,INDEX=%d\n",*p2,___②___);
}
```

7．下列程序的输出结果是_____。
```
main()
{int a[3][4]={1,3,5,7,9,11,13,15,17,19,21,23};
 int (*p)[4]=a,i,j,k=0;
 for(i=0;i<3;i++)
  for(j=0;j<2;j++)
  k=k+*(*(p+i)+j);
 printf("%d\n",k);
}
```

8．下列程序的输出结果是_____。
```
main()
{char ch[2][5]={"6934","8254"},*p[2];
 int i,j,s=0;
 for(i=0;i<2;i++)
 p[i]=ch[i];
 for(i=0;i<2;i++)
  for(j=0;p[i][j]>'\0'&&p[i][j]<='9';j+=2)
  s=10*s+p[i][j]-'0';
printf("%d\n",s);
}
```

9．下面程序是把从终端读入的一行字符作为字符串放在字符数组中，然后输出。请填空。
```
#include <stdio.h>
```

```
main()
{
int i;
char s[80],*p;
for(i=0;i<79;i++)
{s[i]=getchar();
 if(s[i]=='\n')  break;
}
s[i]=___①___ ;
p=___②___ ;
while(*p)putchar(*p++);
}
```

10．下面程序的功能是将字符串 s 中的内容按逆序输出，但不能改变字符串中的内容，请选择填空。

```
#include <stdio.h>
main()
{char s[10]="hello!";
 inverp(s);
}
inverp(char *a)
{if (___①___)  return 0;
 inverp(a+1);
 printf("%c",___②___);
}
```

**三、程序设计题**

1．利用指针计算斐波拉契级数第七项的值。

2．编用指针实现逐行输出由 language 数组元素所指向的 5 个字符串。

3．设有 5 个学生，每个学生考 4 门课，试编写程序能检查这些学生有无考试不及格的课程。若某一学生有一门或一门以上课程不及格，就输出该学生的序号（序号从 0 开始）和其全部课程成绩。

# 第 10 章 构造类型

## 10.1 例题解析

**【例 1】** 当说明一个结构体变量时系统分配给它的内存是_____。

**【答案】** 各成员所需内存变量的总和。

**【例 2】** C 语言中结构体类型变量在程序执行期间_____。

**【答案】** 所有成员一直驻留在内存中。

**【例 3】** 以下对结构体变量定义不正确的是_____。

A．#define stu struct student　　　　　B．struct student

　　stu　　　　　　　　　　　　　　　　　　{int num;

|          |          |
|----------|----------|
| {int num; | float age; |
| 　float age; | 　}std1; |
| 　}std1; | |
| C．struct | D．struct |
| {int num; | {int num; |
| 　float age; | 　float age; |
| 　}std1; | 　}student; |
| | struct student std1; |

【答案】D

【例4】设有以下语句：

```
struct student{
int num;
float age;
}std1;
```

则下面的叙述中不正确的是_____。

　　A．struct 是结构体类型的关键字

　　B．struct student 是用户定义的结构体类型

　　C．std1 是用户定义的结构体类型名

　　D．num 和 age 都是结构体成员名

【答案】C

【例5】设有以下定义和语句，则以下引用形式不合法的是_____。

```
struct s
{int a;
 struct s *b,*c;
};
static struct aa[3]={2,&aa[1],'\0',4,&aa[2],&aa[0],6,'\0',&aa[1]},*ptr;ptr=aa;
```

　　A．ptr->a++　　　　　　　　　　　B．*ptr->b

　　C．++ptr->c　　　　　　　　　　　D．*ptr->a

【答案】D

【例6】以下程序的输出结果为_____。

```
struct stu
{int x;
 int *y;
}*p;
char a[4]={10,20,30,40};
struct stu b[4]={50,&a[0],60,&a[1],70,&a[2],80,&a[3]};
main()
{p=b;
 printf("%d,",++p->x);
 printf("%d,",(++p)->x);
printf("%d,",++(*p->y))};
```

【答案】51，60，21

**【例7】** 设有以下语句，则表达式的值为 6 的是_____。

```
struct st
{int n;
 struct st *next;
};
static struct st a[3]={5,&a[1],7,&a[2],9,'\0'},*p;
p=&a[0];
```

    A. p++->n          B. p->n++         C. (*p).n++       D. ++p->n

**【答案】** D

**【例8】** 结构数组中有 4 人的姓名和年龄，以下程序实现输出四人中年龄最大的人的姓名和年龄，请完成填空。

```
#define NULL 0
static struct node
  {char name[20];
    int age;
  }person[ ]={"lihong",18,
              "wangjun",19,
              "zhangwei",20,
              "zhaofeng",19};
main( )
{struct node * p,* q;
 int old=0;
 q=NULL;
p=person;
for(;_____;p++)
if(old<p->age)
  {q=p;
  _____;
    }
printf("%s,%d\n",q->name,q->age);
}
```

**【答案】** p<person+4，old=p->age

**【例9】** 下面程序段的运行结果是_____。

```
# include "string.h"
main( )
{
  struct worker
    { int number;
      char  name[15];
      char sex;
      float salary ;
    };
struct worker work_1;
struct worker *p;
p=&work_1;
```

```
work_1.number=001;
strcpy(work_1.name, "wang lin");
work_1.sex='M';
work_1.salary=890.5;
printf("NO.:%d\n    name:%s\n    sex:%c\n  salary:%f\n", work_1.number,
work_1.name, work_1.sex, work_1.salary);
printf("NO.:%d\n  name:%s\n  sex:%c\n  salary:%f\n", (*p).number, (*p).name,
(*p).sex, (*p).salary);
}
```

**【答案】**

```
NO:1
Name:wang lin
Sex:M
Salary:890.500000
NO:1
Name:wang lin
Sex:M
Salary:890.500000
```

**【例 10】** C 语言共用体类型变量在程序的运行期间_____。

**【答案】** 只有一个成员驻留在内存中

**【例 11】** 以下对 C 语言中共用体类型数据叙述正确的是_____。

　　A. 可以对共用体变量名直接赋值

　　B. 一个共用体变量中可以同时存放其所有成员

　　C. 一个共用体变量中不能同时存放其所有成员

　　D. 共用体类型定义中不能出现结构体类型的成员

**【答案】** C

**【例 12】** 当说明一个共用体变量时系统分配给它的内存是_____。

**【答案】** 成员中占内存量最大者所需要的容量

**【例 13】** 设有以下说明,则下面不正确的叙述是_____。

```
union data
{int x;
 char y;
 float z;
}p;
```

　　A. p 所占的内存长度等于成员 z 的长度

　　B. p 的地址和它的各成员的地址都是同一地址

　　C. p 可以作为函数参数

　　D. 不能对 p 赋值,但可以在定义 p 时对它进行初始化

**【答案】** C

**【例 14】** 以下程序的运行结果为_____。

```
#include <stdio.h>
union pw
{int i;
```

```
 char ch[2];
}a;
main()
{a.ch[0]=10;
 a.ch[1]=20;
 printf("%d\n",a.i);
}
```

【答案】10

## 10.2  练习题

一、选择题

1. 若要利用下面的程序片段使指针变量 p 指向一个存储整型变量的存储单元，则[  ]中应填入的内容是（    ）。

```
int *p;
p=[ ]malloc(sizeof(int));
```

    A. int            B. int*          C. (*int)        D. (int*)

2. 以下程序的运行结果是（    ）。

```
#include "stdio.h"
main()
{struct data
  {int year,month,day;
  }today;
  printf("%d\n",sizeof(struct data));
}
```

    A. 6            B. 8          C. 10        D. 12

3. 已知学生记录描述为：

```
struct student
{int no;
  char name[20];
  char set;
  struct
  {int year;
   int month;
   int day;
  }birth;
};
  struct student s;
```

设变量 s 中的"生日"应是"1984 年 11 月 11 日"，下列对生日的正确赋值方式是（    ）。

    A. year=1984;                     B. birth.year=1984;

        month=11;                         birth.month=11;

        day=11;                            birth.day=11;

    C. s.year=1984;                    D. s.birth.year=1984;

        s.month=11;                       s.birth.month=11;

s.day=11;                                                   s.birth.day=11;

4．下面程序的运行结果是（      ）。

```
main()
{
 struct complex
  {int x;
   int y;
  }a[2]={1,3,2,7};
  printf("%d\n",a[0].y/a[0].x*a[1].x);
}
```

        A．15                    B．1                    C．3                    D．6

5．以下对结构体变量 stul 中成员 age 的非法引用是（      ）。

```
Struct student
{int age;
 int num;
}stul,*p;
p=&stul;
```

        A．stul.age                              B．student.age
        C．p→age                               D．(*p).age

6．若有以下说明和语句，则对 pupil 域的正确引用方式是（      ）。

```
Struct pupil
   {char   name [20] ;
    int sex;
   ]pup,*p;
p=&pup;
```

        A．p.pup.sex                            B．p->pup.sex
        C．(*p).pup.sex                         D．(*p).sex

7．要说明一个类型名 STP，使得定义语句 STP s;等价于 char  *s，以下选项正确的是：
（      ）。

        A．typedef STP char *s                  B．typedef *char STP
        C．typedef STP *char                    D．typedef char* STP

8．使用 typedef 定义一个新类型的正确步骤是（      ）。

        A．②④①③          B．①③②④          C．②①④③          D．④③②①

① 把变量名换成新类型名。

② 按定义变量的方法写出定义体。

③ 用新类型名定义变量。

④ 在最前面加上关键字。

9．根据下面的定义，能打印出字母 M 的语句是（      ）。

```
Struct person{char name[9];
              int age;
              };
struct person class[10]={"John",17,
```

```
                    "Paul",19,
                    "Mary",18,
                    "adam",16
                };
```

A．printf("%c\n",class[3].name);  B．printf("%c\n",class[3].name[1]);

C．printf("%c\n",class[2].name[1]);  D．printf("%c\n",class[2].name[0]);

10．设有如下定义：

```
struct sk
  {int n;
   float x;
  }data,*p;
```

若要使 p 指向 data 中的 n 域，正确的赋值语句是（   ）。

A．p=&data.n;  B．*p=data.n;

C．p=(struct sk*)&data.n;  D．p=(struct sk*)data.n;

二、填空题

1．若已定义：

```
struct num
{ int a;
  int b;
  float f;
}n={1,3,5.0};
struct num * pn = &n;
```

则表达式 pn ->b/n.a*++pn->b 的值是_____，表达式 (*pn).a+pn->f 的值是_____。

2．若有以下说明和语句，已知 int 类型占两个字节，则输出结果为_____。

```
struct st
{char a[10];
 int b;
 double c;
};
printf("%d\n",sizeof(struct st));
```

3．若有以下说明和语句，则输出结果为_____。

```
main()
{
union un
{int i;
 double y;
};
struct st
{char a[10];
 union un b;
};
printf("%d\n",sizeof(struct st));
}
```

4．若有以下说明和语句，则输出结果为_____。

```
union un
{int a;
 char c[2];
}w;
w.c[0]='A'; w.c[1]='a';
printf("%o\n",w.c[1]);
```

5．以下程序的运行结果是_____。

```
union ks
{int a;
 int b;
};
union ks s[4];
union ks *p;
main()
{
   int n=1,i;
   printf("\n");
   for(i=0;i<4;i++)
  { s[i].a=n;
    s[i].b=s[i].a+1;
    n=n+2;
  }
 p=&s[0];
 printf("%d,",p->a);
 printf("%d,",++p->a);
}
```

三、程序设计题

1．设有三人的姓名和年龄存在结构数组中，试编写程序输出三人中年龄居中者的姓名和年龄。

2．试编程实现输入若干人员的姓名（六位字母）和电话号码（七位数字），以字符"#"结束输入。然后输入姓名,查找该人的电话号码。

3．试编程实现用以读入两个学生的情况存入结构数组。每个学生的情况包括：姓名、学号、性别。若是男同学，则还登记视力正常与否（正常用 Y，不正常用 N）；对女生则还登记身高和体重。

4．试编程实现计算并打印复数的差。

# 第 11 章　文件

## 11.1　例题解析

【例 1】系统的标准输入文件是指_____。

　　A．键盘　　　　　　　B．显示器　　　　　C．软盘　　　　　　D．硬盘

【答案】A

【例2】若执行 fopen 函数时发生错误，则函数的返回值是_____。

    A．地址值          B．0          C．1          D．EOF

【答案】B

【例3】当顺利执行了文件关闭操作时，fclose 函数的返回值是_____。

    A．-1          B．TURE          C．0          D．1

【答案】C

【例4】已知函数的调用形式：fread(buffer,size,count,fp);其中 buffer 代表的是_____。

    A．一个整数变量，代表要读入的数据项总和

    B．一个文件指针，指向要读的文件

    C．一个指针，指向要读入数据的存放地址

    D．一个存储区，存放要读的数据项

【答案】C

【例5】fgetc 函数的作用是从指定文件读入一个字符,该文件的打开方式必须是_____。

    A．只读          B．追加          C．读或读写          D．B 和 C

【答案】C

【例6】在执行 fopen 函数时，ferror 函数的初值为_____。

    A．TRUE          B．-1          C．1          D．0

【答案】D

【例7】在执行 clearerr 函数时，ferror 函数的值变为_____。

【答案】0

【例8】函数调用语句：fseek(fp,-20L,2);的含义是_____。

【答案】将文件位置指针从文件末尾处向后退 20 个字节。

【例9】函数 lseek 用来移动文件的位置指针，其调用形式是_____。

【答案】lseek(文件号,位移量,起始点)

## 11.2 练习题

一、选择题

1．以下可作为函数 fopen 中第一个参数的正确格式是（　　）。

    A．c:user\text.txt                B．c:\user\text.txt

    C．"\user\text.txt"              D．"c\\user\\text.txt"

2．若要用 fopen 函数打开一个新的二进制文件，该文件要既能读也能写，则文件方式字符串应是（　　）。

    A．"ab+"          B．"wb+"          C．"rb+"          D．"ab"

3．若以"a+"方式打开一个已存的文件，则以下叙述正确的是（　　）。

    A．文件打开时，原有文件内容不被删除，位置指针移到文件末尾，可作添加和读操作

    B．文件打开时，原有文件内容不被删除，位置指针移到文件末尾，可作重写和读操作

    C．文件打开时，原有文件内容被删除，只可作写操作

    D．以上各种说法皆不正确

4．若有以下定义和说明：

```
#include "stdio.h"
struct std
{ char num[6];
 char name[8];
 float mark[4];
}a[30];
 FILE  *fp;
```

设文件中以二进制形式存有 10 个班的学生数据，且已正确打开，文件指针定位于文件开头。若要从文件中读出 30 个学生的数据放入 a 数组中，以下不能表达此功能的语句是（　　）。

　　A．for(i=0;i<30;i++)

　　　　fread( &a[i], sizeof( struct std ), 1L, fp );

　　B．for(i=0; i<30; i++, i++)

　　　　fread( a+i, sizeof( struct std ), 1L,fp );

　　C．fread( a, sizeof( struct std ), 30L,fp );

　　D．for( i=0; i<30; i++ )

　　　　fread( a[i], sizeof( struct std ), 1L，fp );

5．fscanf 函数的正确调用形式是（　　）。

　　A．fscanf(fp,格式字符串,输出表列);

　　B．fscanf(格式字符串,输出表列,fp);

　　C．fscanf(格式字符串,文件指针,输出表列);

　　D．fscanf(文件指针,格式字符串,输入表列);

6．fwrite 函数的一般调用形式是（　　）。

　　A．fwrite(buffer,count,size,fp) ;　　　　　　B．fwrite(fp,size,count,buffer) ;

　　C．fwrite(fp,count,size,buffer) ;　　　　　　D．fwrite(buffer,size,count,fp) ;

7．设有以下结构体类型：

```
struct st
{ char name[8];
  int num;
  float s[4];
}student[50];
```

并且结构体数组 student 中的元素都已有值，若要将这些元素写到硬盘文件 fp 中，以下不正确的形式是（　　）。

　　　　A．fwrite( student, sizeof( struct st ), 50, fp );

　　　　B．fwrite( student, 50*sizeof( struct st ), 1, fp );

　　　　C．fwrite( student, 25*sizeof( struct st ), 25, fp );

　　　　D．for( i=0;i<50; i++ )

　　　　　　fwrite( student+i, sizeof( struct st ), 1, fp );

8．阅读以下程序及对程序功能的描述，其中正确的描述是（　　）。

```
#include<stdio.h>
main()
{
```

```
file *in, *out ;
char ch,infile[10],outfile[10] ;
scanf("%s",infile) ;
printf("Enter the infile name :\n") ;
scanf("%s",outfile) ;
if((in=fopen(infile,"r"))==NULL)
   {
       printf("cannot open infile\n") ;
       exit(0) ;
   }
if((out=fopen(outfile,"w"))==NULL)
   {
       Printf("cannot open outfile\n") ;
       Exit(0) ;
   }
while(!  Feof(in)fputc(fgetc(in),out)) ;
fclose(in) ;
fclose(out) ;
}
```

    A. 程序完成将磁盘文件的信息在屏幕上显示的功能

    B. 程序完成将两个磁盘文件合二为一的功能

    C. 程序完成将一个磁盘文件复制到另一个磁盘文件中

    D. 程序完成将两个磁盘文件合并且在屏幕上输出

9. 函数 rewind 的作用是（　　）。

    A. 使位置指针重新返回文件的开头

    B. 将位置指针指向文件中所要求的特定位置

    C. 使位置指针指向文件的末尾

    D. 使位置指针自动移动到下一个字符位置

10. 函数 ftell(fp)的作用是（　　）。

    A. 得到流式文件的当前位置        B. 移动流式文件的位置指针

    C. 初始化流式文件的位置指针        D. 以上答案均正确

二、填空题

1. 当调用函数 read 从磁盘文件中读数据时，若函数的返回值为 10，则表明读入了 10 个字符；若函数的返回值为 0，则是_____；若函数的返回值为-1，则意味着_____。

2. feof(fp)函数用来判断文件是否结束，如果遇到文件结束，函数值为_____，否则为_____。

3. 在 C 程序中，文件可以用_____方式存取，也可以用_____方式存取。

4. 在 C 语言中，文件的存取是以_____为单位的，这种文件被称作_____文件。

5. 函数调用语句：fgets(buf,n,fp);从 fp 指向的文件中读入_____个字符放到 buf 字符数组中。函数值为_____。

三、程序设计题

1. 设文件 STUDENT.DAT 中存放着一年级学生的基本情况，这些情况由以下结构体来描述：

```
struct student
  { long int num;               /*学号*/
    char [10];                  /*姓名*/
    int age;                    /*年龄*/
    char sex;                   /*性别*/
    char speciality[20];        /*专业*/
    char addr[40];              /*住址*/
  };
```

　　请编写程序，输出学号在 970101～970135 之间的学生学号、姓名、年龄和性别。

　　2．设文件 NUMBER.DAT 中存放了一组整数。请编程统计并输出文件中正整数、零和负整数的个数。

　　3．请编写程序：从键盘输入一个字符串，将其中的小写字母全部转换成大写字母，输出到磁盘文件"upper.txt"中保存。输入的字符串以"！"结束。然后再将文件 upper.txt 中的内容读出显示在屏幕上。

# 第三部分　习题参考答案

## 第1章　C语言概述

### 一、选择题
1．C　　2．D　3．B　4．C　5．A　6．B
### 二、填空题
1．英文字母．数字和一些有特定含义的标点符号
2．main()
3．函数
4．1　　若干
5．/*　　　*/
6．顺序结构．分支结构和循环结构
7．scanf　　printf

## 第2章　数据类型、运算符和表达式

### 一、选择题
1．B　　2．A　　3．B　　4．A　　5．B　　6．D　　7．B　　8．C
9．A　　10．B　　11．A　　12．D　　13．B　　14．B　　15．D　　16．D
17．B　　18．C　　19．D　　20．B
### 二、填空题
1．2　　1
2．1，0，1，0
3．-264
4．1
5．6，4，2
6．%
7．10，6
8．3.500000
9．1
10．9
11．8.000000
12．整型（或 int 型）
13．双精度型（或 double 型）

14. 1

15. M/10％10 *100+m8100*10+m％10

# 第 3 章　顺序结构

## 一、选择题

1. C　　2. D　　3. D　　4. A　　5. D　　6. A　　7. D　　8. D

9. B　　10. A　　11. A　　12. B　　13. B　　14. B　　15. A

## 二、填空题

1. b、b、b

2. -14

3. t=a,c=t

4. c=K

5. a=12,b=345

6. 未指明变量 k 的地址，格式控制符与变量类型不匹配

7. *3.140000，3.142*

8. x=1 y=2 *sum*=3

　　10 的平方是:100

9. dec:65,oct:101,hex:41,ASCII:A

10. 可以使同一输出语句中的输出宽度得以改变，输出数据左对齐

## 三、程序设计题

1. 解：用顺序结构即可完成题目要求的任务，梯形的面积= (a+b)*h/2，程序如下：

```c
#include<stdio.h>
main()
{ float a,b,h,s;
  printf("Input a,b,h:");
  scanf("%f%f%f",&a,&b,&h);
  s=(a+b)*h/2.0;
  printf("s=%.2f \n",s);
}
```

2. 解：用回车控制输入结束，用循环结构显示输入缓冲区的字符，程序如下：

```c
#include<stdio.h>
main()
{ char ch;
  while ((ch=getchar())!='\n')
    printf("%c",ch);
}
```

3. 本题的输入输出要求很明确，并联和串联的电阻值计算公式如下：

并联电阻 RP=$\dfrac{R1+R2}{R1*R2}$　串联电阻 RS=R1+R2

程序如下：

```
#include<stdio.h>
main()
{ float r1,r2,rp,rs;
  printf("Input R1 and R2:");
  scanf("%f %f",&r1,&r2);
  rs= (r1+r2);
  rp= rs/(r1*r2);
  printf("RP=%.2f  RS=%.2f ",rp,rs);
}
```

# 第 4 章　选择结构

## 一、选择题

1. D　　2. C　　3. D　　4. C　　5. B　　6. C　　7. A　　8. A

9. B　　10. C　　11. C　　12. B　　13. B　　14. D　　15. D、C

## 二、填空题

1. (y%2)==1

2. x<z||y<z

3. 1, 1

4. 11

5. 1, 1

6. 10, 9, 11

7. **1****3**

8. 2,0,0

9. 60—90,<60,error!

10. 4,-2;4,0;4,-2

## 三、程序设计题

1. 源程序代码如下：

```
main()
{  int num1,num2,num3,temp;
   printf("Please input three numbers:");
   scanf("%d,%d,%d",&num1,&num2,&num3);
   if (num1>num2) {temp=num1;num1=num2;num2=temp;}
   if (num2>num3) {temp=num2;num2=num3;num3=temp;}
   if (num1>num2) {temp=num1;num1=num2;num2=temp;}
   printf("Three numbers after sorted: %d,%d,%d\n",num1,num2,num3);
}
```

2. 源程序代码如下：

```
main()
{
int x,y;
printf("please input x :");
```

```
scanf("%d",&x);
if (x<1)
{
y=x;
printf("y=%d\n",y);
}
else if (x<10)
      {
         y=2*x-1;
printf("y=%d\n",y);
}
else
{
y=3*x-11;
printf("y=%d\n",y);
}
}
```

3．源程序代码如下：

```
main()
{
  float s0,s;
  int y;
  printf("Input s0,y:");
  scanf("%f,%d",&s0,&y);
  if(y>=20)
  { if(s0>=2000)s=s0+200;
    else s=s0+180;
  }
  else
  {if(s0>=1500)s=s0+150;
    else s=s0+120;
  }
  printf("s=%f\n",s);
}
```

4．源程序代码如下：

```
main()
{ float a,r,t,b;
int c;
scanf("%f",&a);
if(a>=3000)c=6
else c=a/500;
switch(c)
{case 0:r=0;break;
case 1:r=0.05;break;
case 2:
case 3:r=0.08;break;
```

```
case 4:
case 5:r=0.1;break;
case 6:r=0.15;break;
}
t=a*r;
b=a-t;
printf("r=%f,t=%f,b=%f",r,t,b);
}
```

# 第5章 循环结构

## 一、选择题
1. A　　2. C　　3. D　　4. B　　5. A　　6. B　　7. D　　8. C
9. C　　10. C　　11. B　　12. B　　13. B　　14. A　　15. B

## 二、填空题
1. 1,3
2. 36
3. -1
4. s=7
5. t=-t
6. m<n?(n:m)
7. a!=0
8. (n%10)*(n%10)
9. if((i-2)%4==0 && (i-3)%7==0 && i%9==5 )
10. r!=0

## 三、程序设计题
1. 源程序代码如下：

```
main()
{
int n,s,j;
for(n=100;n<=1000;n++)
{
s=0;
for(j=1;j<n;j++)
if (n%j==0)
s=s+j;
if (s==n)
printf("%d",s);
}
}
```

2. 源程序代码如下：

```
main()
```

```
{
long  n=1, s=0;
int i;
for(i=1;i<=10;i++)
{
n=n*i;
s=s+n;
}
printf("s=%ld",s);
}
```

**3. 源程序代码如下:**

```
main()
{int i,j,k,n=0;
for(i=0;i<=20;i++)
{for(j=0;j<=33;j++)
for(k=0;k<=100;k+=3)
{if(i+j+k==100&&5*i+3*j+k/3==100)
{printf("%d,%d,%d\n",i,j,k);
n=n+1;}
}
}
printf("%d",n);
}
```

**4. 源程序代码如下:**

```
#include<math.h>
main()
{
float f,fd,x,x1;
x=0;
do {
f=2*x*x*x-4*x*x+3*x-6;
fd=6*x*x-8*x+3;
x1=x-f/fd;
x=x1;
} while(fabs(f/fd)>1e-5);
printf("x=%.6f",x1);
}
```

# 第 6 章　数组

## 一、选择题

1. C　　2. C　　3. C　　4. C　　5. B　　6. D　　7. B

8. A　　9. B　　10. D　　11. C　　12. C

## 二、填空题

1. ① % ② / ③ j=i;j>=1;j--
2. ① a[age-16]++ ② i=16;i<32
3. ① i<10 ② i%3==0
4. ① t=a[5] ② a[i]=a[i-1]
5. ① continue ② ave=s/k

## 三、程序设计题

1. 源程序代码如下：

```
#define N 6
main()
{int i,j,sum=0;
int a[N][N]={0};
printf("input 5×5 data:\n");
for(i=1;i<N;i++)
{ printf("Input the %d line data:\n",i);
for(j=1;j<N;j++)
scanf("%d",&a[i][j]);
}
for(i=1;i<N;i++)
{for(j=1;j<N;j++)
printf("%5d",a[i][j]);
printf("\n");
}
for(i=1;i<N;i++)
for(j=1;j<=i;j++)
sum=sum+a[i][j];
printf("sum=%d\n",sum);
}
```

2. 源程序代码如下：

```
#include "stdio.h"
main()
{int max,min,i;
 float avg,a[10],s=0.0;
 printf("\n 输入评委所打的分数：\n");
 for(i=0;i<10;i++)
  scanf("%f",&a[i]);
 min=max=0;
 for(i=1;i<10;i++)
  {if(a[min]>a[i])
    min=i;
   if(a[max]<a[i])
    max=i;
  }
  for(i=0;i<10;i++)
   if(i==max || i==min)
```

```
        continue;
     else
        s=s+a[i];
    avg=s/10;
    printf("max=%6.2f min=%6.2f ava=%6.2f",a[max],a[min],avg);
}
```

3. 源程序代码如下：

解：依回文定义从字符串的起始字符向后，最后一个字符向前依次判断，遇汉字的第一个字符同时处理两个字符。参考程序如下：

```
#include <stdio.h>
#include <string.h>
int huiwen(char str[])
{ int i,j,len,flag=1;
  len=strlen(str);
  for (i=0,j=len-1;i<=j;i++,j--);
    if (str[i]!=str[j])
       { if (str[i]>128&&str[j]>128)  /*两侧都是汉字字符*/
           { if (str[i]==str[j-1]&&str[i+1]==str[j])
               { i++; j--; }
             else flag=0;
           }
         else flag=0;
       }
   return flag;
}
main()
{ char str[50];
  printf("Enter string:");
  gets(str);
  if (huiwen(str))
    printf("%s is a palindroma\n");
  else
    printf("%s is not palindroma\n");
}
```

# 第 7 章　函数与变量作用域

## 一、选择题

1. B　　2. B　　3. A　　4. D　　5. C

6. D　　7. A　　8. C　　9. D　　10. A

## 二、填空题

1. ① 值传递　　② 地址传递

2. ① 函数说明部分　　② 函数体

3. max is 2

4. ① getchar( ) 　② break

5. ① (int)((value*10+5)/10)　②ponse ==val

6. ① j=1　② y>=1　③--y 或 y--

## 三、程序设计题

1. 源程序代码如下:

```
#include "math.h"
int isprime(int n)
{int m;
 for(m=2;m<=sqrt(n),m++)
  if(n%m==0)
    return 0;
 return 1;
}
main()
{int m;
printf("input the data m:\n");
scanf("%d",&m);
if(isprime(m))
  printf("%d is a prime !",m);
else
  printf("%d is not a  prime !",m);
}
```

2. 分析：C 语言字符串实际上是存放在字符数组中的。本题就是将数组中的元素反序。基本思想是：扫描数组，数组中的第一个元素与数组的最后一个元素交换，第二个元素与倒数第二个元素交换，直到扫描到数组中部，停止交换即可。

源程序代码如下:

```
inverse(char array[])
{int i,j,len=strlen(array);
char t;
for(i=0;i<len/2;i++)
  {t=array[i];
   array[i]=array[len-i-1];
   array[len-i-1]=t;
  }

}
main()
{int i,j,a[10];
printf("input a string:\n");
gets(a);
inverse(a);
printf("the result is :\n%s",a);
}
```

3. 分析：本题主要考查数组作为函数参数，另外也考查矩阵转置算法。二维数组作为函数参数时，形参可指定数组大小，也可将形参的函数省略掉，实参为同一类型的二维数组名，当数组作为参数时，数据是双向传递，形参的修改会影响实参。转置矩阵是指将矩阵中元素的行下标和列下标互换，形成新的矩阵就是原矩阵的转置矩阵。遍历矩阵时只需遍历矩阵的上三角矩阵或下三角矩阵即可。

源程序代码如下：

```
convert(int array[][3])
{int i,j,t;
for(i=0;i<3;i++)
  for(j=i+1;j<3;j++)
   {t=array[i][j];
   array[i][j]=array[j][i];
   array[j][i]=t;
   }
}
main()
{int i,j,a[3][3];
printf("input the data of array:\n");
for(i=0;i<3;i++)
  for(j=0;j<3;j++)
    scanf("%d",&a[i][j]);
printf("the initial array is :\n");
for(i=0;i<3;i++)
{for(j=0;j<3;j++)
   printf("%5d",a[i][j]);
 printf("\n");
}
convert(a);
printf("the result is:\n");
for(i=0;i<3;i++)
{for(j=0;j<3;j++)
  printf("%5d",a[i][j]);
 printf("\n");
}
}
```

# 第 8 章    编译预处理

## 一、选择题

1. C    2. D    3. D    4. D    5. C    6. B    7. B    8. D    9. B    10. B

## 二、填空题

1. 880

2. 5

3. 12

4. 2　12

5. 3,3,5

6. c

# 第 9 章　指针

## 一、选择题

1. D　　2. B　3. B　4. D　5. D　6. C　7. D　8. C　　9. D　　10. C

11. C　　12. C　13. C　14. C　15. B　16. D

## 二、填空题

1. int*（q[5]）

2. bcdABCD

3. ef

4. 7

5. 6

6. ① p1　　② p2-x

7. 60

8. 6385

9. ① '\0'　　② s

10. ① !*a　　② *a

## 三、程序设计题

1. 源程序代码如下：

```
main()
 {int x;
  fib(7,&x);
  printf("\nx=%d\n",x);
 }
fib(int n,int *s)
{int f1,f2;
 if(n==1‖n==2) *s=1;
 else { fib(n-1,&f1);
fib(n-2,&f2);
*s=f1+f2;
}
}
```

2. 源程序代码如下：

```
main()
{
char*language[ ]={"BASIC","FORTRAN","PROLOG","JAVA","C++"};
         char **q;
         int k;
         for (k=0;k<5;k++)
```

```
        {q=language+k;
         printf("%s\n",*q);
        }
    }
```

3．源程序代码如下：

```
main()
 {
 int score[5][4]={{62,87,67,95},{95,85,98,73},{66,92,81,69},{78,56,90,99},
{60,79,82,89}};
            int(*p)[4],j,k,flag;
            p=score;
            for(j=0;j<5;j++)
               {flag=0;
                for(k=0;k<4;k++)
                   if(*(*(p+j)+k)<60)flag=1;
                if(flag==1)
                  {printf("No.%d is fail, scores are:\n",j);
                   for(k=0;k<4;k++)
                       printf("%5d", *(*(p+j)+k));
                   printf("\n");
                  }
               }
        }
```

# 第 10 章　构造类型

## 一、选择题
1．D　　2．A　　3．D　　4．D　　5．B　　6．D　　7．D　　8．C　　9．D　　10．C
## 二、填空题
1．12，6
2．12
3．18
4．141
5．2,3
## 三、程序设计题
1．源程序代码如下：

```
#include <stdio.h>
static struct man
{
   char name[20];
   int  age;
}person[]={"li-ming",18,
        "wang-hua",19,
        "zhang-ping",20
```

```
           };
main()
{int i,j,max,min;
   max=min=person[0].age;
   for(i=1;i<3;i++)
   if(person[i].age<max) max=person[i].age;
    else if(person[i].age<min) min=person[i].age;
   for(i=0;i<3;i++)
   if((person[i].age!=max)&&(person[i].age!=min))
   {printf("%s %d\n",person[i].name,person[i].age);
    break;
    }
}
```

## 2. 源程序代码如下：

```
#include <stdio.h>
#include <string.h>
#define MAX 101
  struct   aa
  {char name[5];
   char  tel[8];
  };

reading( struct aa *a ,int  *n)
{int i=1 ;
 gets(a[i].name);
 gets(a[i].tel);
while(strcmp(a[i].name, "#") )
  { i++;
    gets(a[i].name );
    gets(a[i].tel );
    }
    *n=--i;
}
search(struct aa*b, char *x, int n)
{int i ;
 strcpy(b[0].name,x);
 i=n;
 while(strcmp(b[i].name,x))i--;
 if(i!=0) printf("name:%s tel:%s\n",b[i].name,b[i].tel);
 else printf("Not been found !");
}

main()
{ struct aa  s[MAX];
  int  num;
  char name[5];
```

```
    reading(s,&num);
    printf("Enter a name: ");
    gets(name);
    search(s,name,num);
}
```

3．源程序代码如下：

```
#include <stdio.h>
struct
  {
   char name[10];
   int number;
   char sex;
     union body
     {
       char eye;
      struct
       {int height;
        int weight;
       }f;
      }body;
  }per[2];
main()
{ int i;
  for(i=0;i<2;i++)
  {
     scanf("%s %d %c",&per[i].name,&per[i].number,&per[i].sex);
     if(per[i].sex=='m')
        scanf("%c",&per[i].body.eye);
     else if(per[i].sex=='f')
        scanf("%d %d",&per[i].body.f.height,&per[i].body.f.weight);
     else printf("input error\n");
  }
}
```

4．源程序代码如下：

```
#include <stdio.h>
struct comp
{float re;
 float im;
};
struct comp *m(x,y)
   struct comp *x,*y;
{ struct comp*z;
    z=(struct comp * )malloc(sizeof(struct comp));
  z->re=x->re-y->re;
  z->im=x->im-y->im;
  return(z);
```

```
}
main()
{struct comp *t;
struct comp a,b;
a.re=1;  a.im=2;
b.re=3;  b.im=4;
t=m(&a,&b);
printf("z.re=%f ,z.im=%f",t->re,t->im);
}
```

# 第 11 章　文件

## 一、选择题

1. D　　2. B　　3. A　　4. D　5. D　6. D　7. C　　8. C　　9. A　　10. A

## 二、填空题

1. 遇到了文件结束符，读文件出错
2. 非零值，0
3. 顺序（或随机），随机（或顺序）
4. 字符，流式
5. n-l，buf 的首地址

## 三、程序设计题

1. 源程序代码如下：

```
#include"stdio.h"
struct student
{long int num;
char name[10];
int age;
char sex;
char speciality[20];
char addr[40];
}std;
FILE*fp;
main()
{fp=fopen("student.dat","rb");
if(fp==NULL)
printf("file not found\n");
else
{while(!feof(fp))
{fread(&std,sizeof(struct student),l,fp);
if(std.num>=970101&&std.num<=970135)
printf("%ld %s %d %C\n",std.num,std.name,std.age,std.sex);
}fclose(fp);
}
}
```

2．源程序代码如下：

```
#include"stdio.h"
FILE*fp;
main()
{int p=0,n=0,z=0,temp;
fp=fopen("number.dat","r");
if(fp==NULL)
printf("file not found\n");
else
{while(!feof(fp)
{fscanf(fp,"%d",&temp);
if(temp>0)  p++;
else if (temp<0) n++;
else z++;
}
fclose(fp);
printf("positive:%3d,negtive:%3d,zero:%3d\n",p,n,z);
}
}
```

3．源程序代码如下：

```
#include "stdio.h"
main()
{FILE,*fp;
  char str[100],filename[l0];
  int i=0;
  if((fp=fopen("upper.txt","w"))==NULL
    {printf("can not open file\n");
    exit(0)  ;
    }
  printf("Enter a string:\n");
  gets(str);
  while  (str[i]!='!')
    {if(str[i]>='a'&&str[i]<='z')
    str[i]=str[i]-32;
    fputc(str[i],fp);
    i++;
    }
fclose(fp);
fp=fopen("upper.txt","r");
fgets(str,strlen(str)+1,fp);
printf("%s\n",str);
fclose(fp);
}
```

# 第四部分　附录

## 附录 A　实验报告书写参考格式

实验名称：＿＿＿＿＿＿＿＿＿＿＿＿＿　　　　成 绩：

实验日期：＿＿＿＿年＿＿月＿＿日　　　　实验报告日期：＿＿＿年＿＿＿月＿＿日

**一、实验目的**

**二、实验内容**

| 要完成的程序题（或操作题） |
| --- |
| |

**三、实验要求**

1．实验前编制源程序，按实验内容需要准备测试数据。

2．在 Turbo C++下完成程序的编辑、编译、运行，并查看、分析程序结果。

**四、实验步骤、过程**

| 实验内容 1： | 实验步骤、过程： |
| --- | --- |
| | |

| 实验内容2： | 实验步骤、过程： |
|---|---|
| 实验内容3： | 实验步骤、过程： |

五、源程序清单、测试数据、结果

| 题1、源程序清单： |
|---|
| 测试数据：<br><br>运行结果： |

| 题2．源程序清单： |
|---|
| 测试数据：<br><br>运行结果： |

| 题3．源程序清单： |
|---|

　　测试数据：

　　运行结果：

## 六、实验出现的问题、实验结果分析

　　实验出现的问题：

　　实验结果分析：

## 七、实验小结和思考

八、实验指导老师评语

指导老师对学生本次实验的评语：



实验指导老师签名：

日期：　　年　　月　　日

# 附录 B　全国计算机等级考试 C 语言考试大纲

**公共基础知识**

*基本要求*

1. 掌握算法的基本概念。
2. 掌握基本数据结构及其操作。
3. 掌握基本排序和查找算法。
4. 掌握逐步求精的结构化程序设计方法。
5. 掌握软件工程的基本方法，具有初步应用相关技术进行软件开发的能力。
6. 掌握数据库的基本知识，了解关系数据库的设计。

**考试内容**

一、基本数据结构与算法

1. 算法的基本概念；算法复杂度的概念和意义（时间复杂度与空间复杂度）。
2. 数据结构的定义；数据的逻辑结构与存储结构；数据结构的图形表示；线性结构与非线性结构的概念。
3. 线性表的定义；线性表的顺序存储结构及其插入与删除运算。
4. 栈和队列的定义；栈和队列的顺序存储结构及其基本运算。
5. 线性单链表、双向链表与循环链表的结构及其基本运算。
6. 树的基本概念；二叉树的定义及其存储结构；二叉树的前序、中序和后序遍历。
7. 顺序查找与二分法查找算法；基本排序算法（交换类排序、选择类排序、插入类排序）。

二、程序设计基础

1. 程序设计方法与风格。
2. 结构化程序设计。
3. 面向对象的程序设计方法，对象，方法，属性及继承与多态性。

三、软件工程基础

1．软件工程基本概念，软件生命周期概念，软件工具与软件开发环境。

2．结构化分析方法，数据流图，数据字典，软件需求规格说明书。

3．结构化设计方法，总体设计与详细设计。

4．软件测试的方法，白盒测试与黑盒测试，测试用例设计，软件测试的实施，单元测试、集成测试和系统测试。

5．程序的调试，静态调试与动态调试。

四、数据库设计基础

1．数据库的基本概念：数据库，数据库管理系统，数据库系统。

2．数据模型，实体联系模型及 E-R 图，从 E-R 图导出关系数据模型。

3．关系代数运算，包括集合运算及选择、投影、连接运算，数据库规范化理论。

4．数据库设计方法和步骤：需求分析、概念设计、逻辑设计和物理设计的相关策略。

## 考试方式

1．公共基础知识的考试方式为笔试，与 C 语言程序设计（C++语言程序设计、Java 语言程序设计、Visual Basic 语言程序设计、Visual FoxPro 数据库程序设计或 Access 数据库程序设计）的笔试部分合为一张试卷，公共基础知识部分占全卷的 30 分。

2．公共基础知识有 10 道选择题和 5 道填空题。

## C 语言程序设计

基本要求

1．熟悉 Turbo C 集成环境。

2．熟练掌握结构化程序设计的方法，具有良好的程序设计风格。

3．掌握程序设计中简单的数据结构和算法。

4．Turbo C 的集成环境下，能够编写简单的 C 程序，并具有基本的纠错和调试程序的能力。

## 考试内容

一、C 语言的结构

1．程序的构成，Main 函数和其他函数。

2．头文件，数据说明，函数的开始和结束标志。

3．源程序的书写格式。

4．C 语言的风格。

二、数据类型及其运算

1．C 的数据类型（基本类型，构造类型，指针类型，空类型）及其定义方法。

2．C 运算符的种类、运算优先级和结合性。

3．不同类型数据间的转换与运算。

4．C 表达式类型（赋值表达式，算术表达式，关系表达式，逻辑表达式，条件表达式，逗号表达式）和求值规则。

三、基本语句

1．表达式语句，空语句，复合语句。

2．数据的输入与输出，输入输出函数的调用。

3．复合语句。

4．Goto 语句和语句标号的使用。

四、选择结构程序设计

1．用 If 语句实现选择结构。

2．用 Switch 语句实现多分支选择结构。

3．选择结构的嵌套。

五、循环结构程序设计

1．For 循环结构。

2．While 和 Do While 循环结构。

3．Continue 语句和 Break 语句。

4．循环的嵌套。

六、数组的定义和引用

1．一维数组和多维数组的定义、初始化和引用

2．字符串与字符数组。

七、函数

1．库函数的正确调用。

2．函数的定义方法。

3．函数的类型和返回值。

4．形式参数与实际参数，参数值的传递。

5．函数的正确调用，嵌套调用，递归调用。

6．局部变量和全局变量。

7．变量的存储类别（自动、静态、寄存器、外部），变量的作用域和生存期。

8．内部函数与外部函数。

八、编译预处理

1．宏定义：不带参数的宏定义；带参数的宏定义。

2．"文件包含"处理。

九、指针

1．指针与指针变量的概念，指针与地址运算符。

2．变量、数组、字符串、函数、结构体的指针以及指向变量、数组、字符串、函数、结构体的指针变量。通过指针引用以上各类型数据。

3．用指针作函数参数。

4．返回指针值的指针函数。

5．指针数组，指向指针的指针，Main 函数的命令行参数。

十、结构体（即"结构"）与共用体（即"联合"）

1．结构体和共用体类型数据的定义方法和引用方法。

2．用指针和结构体构成链表，单向链表的建立、输出、删除与插入。

十一、位运算

1．位运算符的含义及使用。

2．简单的位运算。

十二、文件操作

只要求缓冲文件系统（即高级磁盘 I/O 系统），对非标准缓冲文件系统（即低级磁盘 I/O 系统）不要求。

1．文件类型指针（File 类型指针）。

2．文件的打开与关闭（Fopen，Fclose）。

3．文件的读写（Fputc，Fgetc，Fputs，Fgets，Fread，Fwrite，Fprintf，Fscanf 函数），文件的定位（Rewind，Fseek 函数）。

**考试方式**

1．笔试：120 分钟，满分 100 分，其中含公共基础知识部分的 30 分。

2．上机：60 分钟，满分 100 分。

上机操作包括：

（1）填空。

（2）改错。

（3）编程。

# 附录 C　Turbo C 的常用热键和编辑键

| 热键 | 功能 |
| --- | --- |
| F1 | 激发帮助窗口，提供当前位置的相关信息 |
| F2 | 将编辑窗口中的文件存盘 |
| F3 | 加载文件 |
| F4 | 程序运行到光标所在行 |
| F5 | 放大、缩小活动窗口 |
| F6 | 开、关活动窗口 |
| F7 | 在调试模式下运行程序，跟踪进入函数内部 |
| F8 | 在调试模式下运行程序，跳过函数调用 |
| F9 | 执行"运行"命令 |
| Ctrl+F1 | 调用相关函数的上、下文帮助 |
| Ctrl+F2 | 重新启动运行程序 |
| Ctrl+F3 | 显示调用栈 |
| Ctrl+F4 | 计算表达式 |
| Ctrl+F7 | 增加监视表达式 |
| Ctrl+F8 | 断点开关 |

续表

| 热键 | 功能 |
|---|---|
| Ctrl+F9 | 编译、连接、运行程序 |
| Alt+F1 | 显示上次访问的帮助 |
| Alt+F3 | 选择文件加载 |
| Alt+F6 | 开、关活动窗口的内容 |
| Alt+F7 | 定位上一个错误 |
| Alt+F8 | 定位下一个错误 |
| Alt+F9 | 把平台内的文件编译成文件 |
| Alt+B | 转到 Break/Watch 菜单 |
| Alt+C | 转到 Compile 菜单 |
| Alt+D | 转到 Debug 菜单 |
| Alt+E | 转到 Edit 菜单 |
| Alt+F | 转到 File 菜单 |
| Alt+O | 转到 Option 菜单 |
| Alt+P | 转到 Project 菜单 |
| Alt+R | 转到 Run 菜单 |
| Alt+X | 退出工作平台，返回 DOS |

插入与删除键

| 键 | 功能 |
|---|---|
| Ctrl+V 或 ins | 进入插入模式 |
| Ctrl+N | 插入行 |
| Ctrl+Y | 删除行 |
| Ctrl+QY | 删除行尾 |
| Ctrl+H | 删除光标左边的字符 |
| Ctrl+G 或 del | 删除光标位置字符 |
| Ctrl+T | 删除光标右边的词 |

块操作键

| 键 | 功能 |
|---|---|
| Ctrl+KB | 标志块开始 |
| Ctrl+KK | 标志块结束 |
| Ctrl+KT | 标志单个词 |
| Ctrl+KC | 复制块 |

续表

| 键 | 功能 |
|---|---|
| Ctrl+KY | 删除块 |
| Ctrl+KB | 隐藏/显示块 |
| Ctrl+KV | 移动块 |
| Ctrl+KR | 从盘上读块 |
| Ctrl+KW | 把块写入磁盘 |

# 附录 D　Turbo C 编译错误信息

Turbo C 编译系统查出的源程序错误分为 3 类：致命错误、一般错误和警告错误。

致命错误一般很少出现，它通常指内部编译出错，一旦出现这类错误，编译就立即停止。

所谓一般错误，通常是指源程序中的语法错误、存取数据错误或命令错误等。编译系统遇到这类错误时，一般也要停止编译。

警告信息是指一些值得怀疑的情况，而这些情况又可能是源程序中合理的一部分。因此，警告信息只是提醒用户注意，编译过程并不停止。

编译过程中出现的错误信息，是指编译系统在发现源程序中的各类错误时，首先提示错误信息，然后显示源文件名以及出错的行号。下面列出一些常见的编译错误信息，并指出可能的原因。

**致命错误**

1．Bad call of in-line function

内部函数非法调用

2．Irreducible expression tree

不可约的表达式树。这种错误是指源文件行中的表达式太复杂，编译系统中的代码生成程序不能为它产生代码。因此，这种表达式应避免使用。

3．Register allocation failure

寄存器分配失败。源文件行中的表达式太复杂。

**一般错误**

1．Ambiguous symbol 'XXXXXXXX'

二义性符号'XXXXXXXX'。两个或两个以上结构的某一域名相同，但它们的偏移、类型不同，因此，在变量或表达式中引用该域但未带结构名时，就会产生二义性。在这种情况下，需要修改域名，或在引用时加上结构名。

2．Argument # missing name

参数#名丢失。参数名已脱离用于定义函数的函数原型。C 语言规定，如果函数以原型定义，该函数必须包含所有的函数名。

3．Argument list error

参数表出现语法错误。

4．Array bounds missing

数组的界限符丢失。在源程序中定义了一个数组，但此数组没有以右方括号结束，则会出现此错误。

5．Array size too large

数组长度太大。

6．Assemble statement too long

汇编语句太长。C 语言规定，内部汇编语句最长不能超过 480 个字节。

7．Bad configuration file

配置文件不正确

8．Call of non-function

调用未定义的函数。

9．Case statement missing

Case 语句漏掉。Case 语句必须包含一个以冒号结束的常量表达式。可能的原因是丢掉了冒号或在冒号前多了别的符号。

10．Case syntax error

Case 语法错误。

11．Character constant too long

字符常量太长。

12．Compound statement missing

复合语句漏掉。编译程序扫描到源文件末尾时，未发现大括号，通常是由于大括号不匹配造成的。

13．Constant expression required

要求常量表达式。

14．Declaration missing

说明在源程序中漏掉 ";"。

15．Declaration needs type or storage class

说明必须给出类型或存储类。

16．Declaration syntax error

说明出现语法错误。在源文件中说明丢失了某些符号或有多余的符号。

17．Division by Zero

除数为零。即在源文件表达式中出现除数为零的情况。

18．Do statement must have while

Do 语句中必须要有 while

19．Do-while statement missing (

Do-while 语句中漏掉了 "("

20．Do-while statement missing )

Do-while 语句中漏掉了 ")"

21．Do-while statement missing;

Do-while 语句中漏掉了";"

22．Duplicate Case

case 的情况不唯一。Switch 语句中的每一个 case 必须有一个唯一的常量表达式。

23．Expression syntax

表达式语法错误。

24．Extra parameter in call

调用时出现了多余的参数。

25．File name too long

文件名太长。#include 指令给出的文件名太长，编译程序无法处理。

26．For statement missing (

for 语句缺少"("。

27．For statement missing )

for 语句缺少")"。

28．For statement missing ;

for 语句缺少";"

29．Function call missing )

函数调用缺少")"

30．Function definition out of place

函数定义位置错误。

31．Goto statement missing label

goto 语句缺少标号。

32．If statement missing (

if 语句缺少"("。

33．If statement missing )

if 语句缺少")"。

34．Illegal character

非法字符。

35．Illegal initialization

非法初始化。

36．Illegal structure operation

非法结构操作

37．Illegal use of pointer

非法使用指针。

38．Improper use of a typedef symbol

typedef 符号使用不当。

39．incompatible storage class

不相容的类型转换。

40．Incorrect number format

不正确的数字格式。

41．Initializes syntax error

初始化语法错误。

42．Invalid use of arrow

箭头使用错误。在箭头操作符（->）后必须跟一标识符。

43．Mismatch number of parameters in definition

定义中参数个数不匹配。定义中的参数和函数原型中提供的信息不匹配。

44．Misplace break

Break 位置错误。编译程序发现 Break 语句在 Switch 语句或循环结构外。

45．Misplace continue

Continue 位置错误。

46．Misplaced decimal point

十进制小数点位置错。

47．Misplaced else

Else 位置错。编译程序发现 else 语句缺少与之相匹配的 if 语句。

48．Must be addressable

必须是可编址的。取址操作符"&"作用于一个不可编址的对象。

49．No file name ending

无文件名终止符。

50．No file names given

未给出文件名。

51．Non-portable pointer assignment

对不可移植的指针赋值。

52．Non-portable return type conversion

不可移植的返回类型转换。

53．Not an allowed type

不允许的类型，即在源文件中说明了几种禁止的类型。

54．Out of memory

内存不够。

55．Redeclaration of 'XXX'

'XXX'重定义。

56．Size of structure or array not known

结构或数组大小没有确定。

57．Structure or union syntax error

结构或共用语法错误。

58．Structure size too large

结构太大。源文件中说明的结构所需要的内存区域太大以致内存空间不够。

59．Subscripting missing ]

下标缺少"]"。可能是由于漏掉或多写操作符或括号不匹配引起的。

60．Too few parameters in call

函数调用参数太少。

61．Too many types in declaration

说明中类型太多。一个说明只允许有一种基本类型。

62．Type miss match in parameter XX

参数 XX 类型不匹配。

63．Type miss match in redeclaration of 'XX'

重定义类型不匹配。

64．Unable to create output file 'XXX'

不能创建输出文件'XXX'。当工作软盘没有空间，或有写保护时产生此错误。

65．Unable to create turboc.lnk

不能创建 turboc.lnk。编译程序不能创建临时文件 turboc.$ln。

66．Undefined structure 'XXX'

结构'XXX'未定义。源文件中使用了未经说明的某个结构，可能是由于结构名拼写错误或缺少结构说明而引起的。

67．Undefined symbol 'XXX'

符号'XXX'未定义。

68．Unknown preprocessor directive 'XXX'

不认识的预处理指令'XXX'。

69．Exterminated string

未终结的串。

70．User break

用户中断。

71．While statement missing (

while 语句漏掉 "（"。

72．Wrong number of argument in 'XXX'

调用'XXX'时参数个数错误。

## 警告错误

1．'XXX'declared but never used

已说明了'XXX'但未使用。在源文件中说明了该变量，但没有使用。

2．'XXX'is assigned a value which never used

'XXX'被赋予一个不使用的数值。

3．'XXX' not part of structure

'XXX'不是结构的一部分。

4．Ambiguous operators need parentheses

二义性操作符需要括号。

5．Both return and a value used

既用返回又用返回值。

6．Call to function with no prototype

调用无原型函数。

7．Code has no effect
代码无效。

8．Constant is long
常量是 long 类型。

9．Constant out of range in comparison
比较时常量超出了范围。

10．Function should return value
函数应该返回一个数值。

11．No portable pointer assignment
不可移植指针赋值。

12．No portable pointer comparison
不可移植指针比较。

13．Non-portable return type conversion
不可移植返回类型转换。

14．parameter 'XXX' is never used
参数'XXX'没有使用。

15．possible use of 'XXX' before definition
在定义'XXX'之前可能已使用。

16．possible incorrect assignment
可能的不正确赋值。

17．redefinition of 'XXX' is not identical
'XXX'重定义不相同。

18．suspicious pointer conversion
值得怀疑的指针转换。

19．unreachable code
不可到达代码。

20．void function may not return a value
void 函数不可以返回值。

## 连接和运行中的出错信息

1．abnormal program termination
程序异常终止。

2．floating point error:domain 或 divide by 0
运算结果不是一个浮点数或被 0 除。

3．null pointer assignment
对未初始化的指针赋值。

4．user break
在运行程序时由用户终止。

5．undefined symbol print in module xxx

在模块 xxx 中 print 没有定义。

# 参考文献

[1]  徐新华. C 语言程序设计教程. 第 2 版. 北京：中国水利水电出版社，2007.

[2]  谭浩强. C 语言程序设计. 第 2 版. 北京：清华大学出版社，2005.

[3]  何光明. C 语言学练考. 北京：清华大学出版社，2005.

[4]  全国计算机等级考试新大纲研究组. 全国计算机等级考试考纲考点考题透解与模拟：
     2008 版（二级 C 语言）. 北京：清华大学出版社，2007.